DOJIN
SENSHO

87

日本に現れたオーロラの謎

時空を超えて読み解く「赤気」の記録

片岡龍峰 著

口絵①　『星解』に描かれた赤気。
明和7（1770）年9月17日、扇形の
オーロラが現れた。（第二章参照）
松阪市所蔵

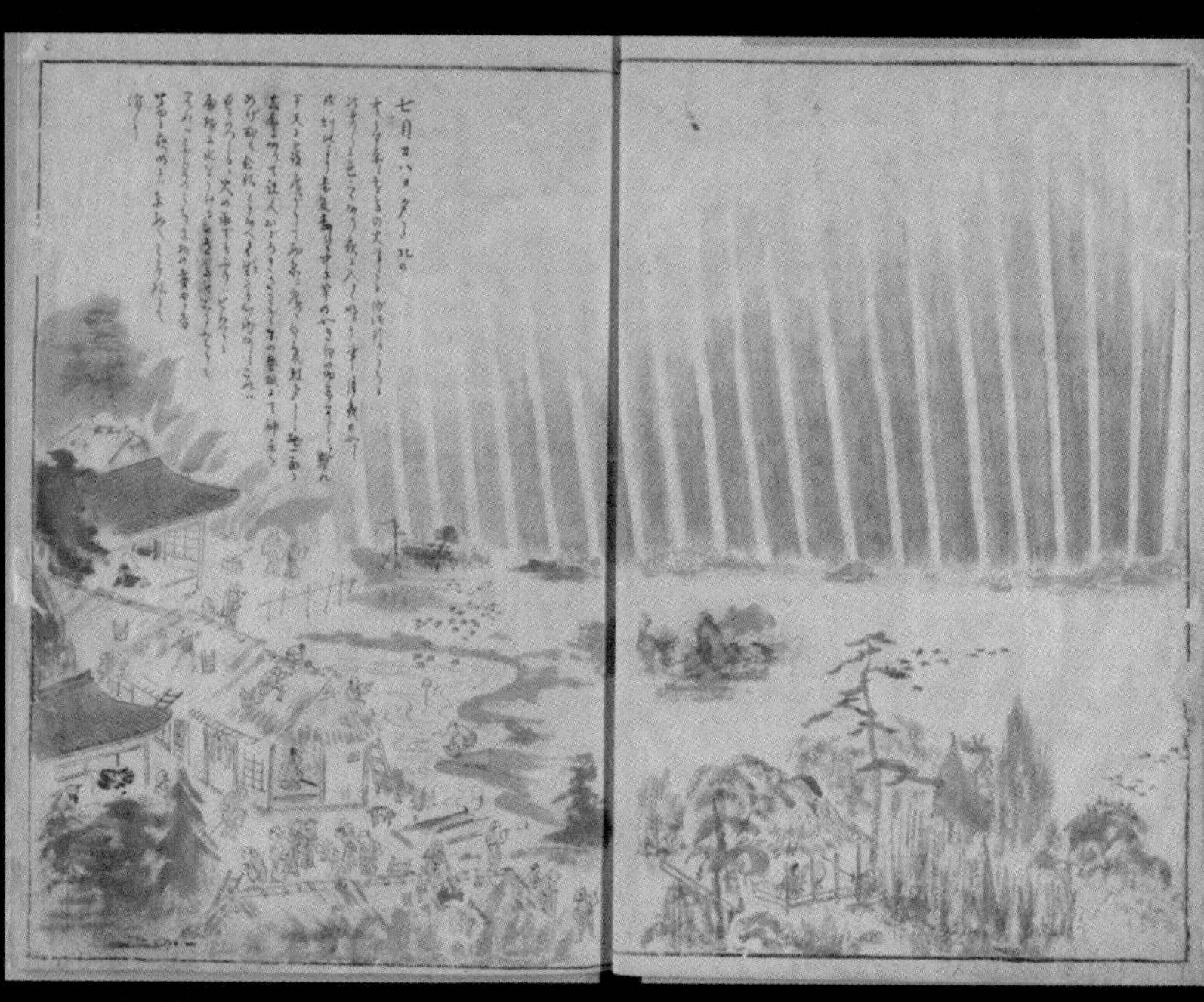

口絵②　『猿猴庵随観図会』に描かれた赤気。
明和7（1770）年9月17日、扇形のオーロラと
それを見る人びとの様子が描かれている。
（第二章参照）
国立国会図書館デジタルアーカイブより

口絵③　トルーヴェロが描いたオーローラ。1872年3月1日。（第三章参照）

口絵④　風間繁さんが描いたオーローラ。1958年2月11日。（第三章コラム参照）

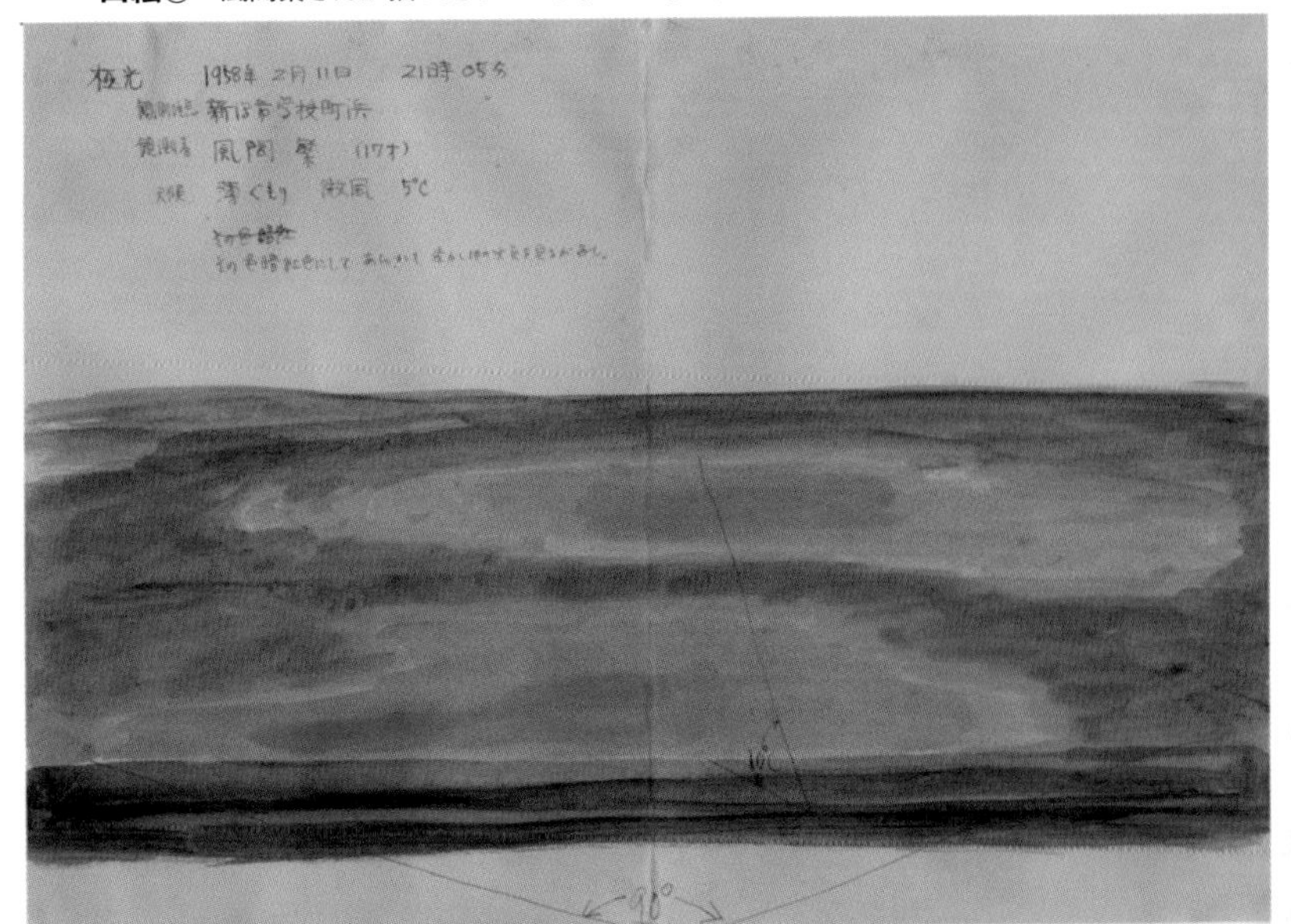

口絵⑤　オーロラ爆発の瞬間。2014年2月23日、アラスカ・ポーカーフラット観測所で撮影。
左下の丸い画像は、上の画像の上空全体が見えるように撮影されたもの。（第三章参照）

まえがき

二〇二〇年は、『日本書紀』が編纂されてから一三〇〇周年。数字にすると気の遠くなるような長い年月の経った天変地異も、実感できる「事件」の年月日をいくつか具体的な足場として得ることによって、時空を超えた共感を抱くことができるようです。私は、建仁四年（一二〇四年二月二一日）、明和七年（一七七〇年九月一七日）、昭和三三年（一九五八年二月一一日）に起こった巨大磁気嵐の記憶が土台となり、いまからちょうど一四〇〇年前の日本最古の天文記録、推古天皇二八年（六二〇年一二月三〇日）の「赤気（せっき）」のこと、それを見て驚く人びとのことを肌に感じるようになりました。

私は国立極地研究所（極地研）で働く研究者です。極地研は南極の昭和基地を運営していることで知られています。所在地は東京都立川市。国文学研究資料館（国文研）と同じ場所にあります。文化の異なる理系と文系の研究所に働く研究者たちが、近くに構えたオフィスを拠点に共同研究を試みると、そもそもの研究内容に接点を見いだしにくいからこそ、こんな面白い発見ができるのかと驚くことになります。その一例を、この本を通して、日本の多くの方々に伝えられたら、と思って筆をとりました。極地研と国文研は、どちらも総合研究大学院大学（総研大）、つまり大学院教育の機能も備えており、大学院生への研究指導も重要な仕事になっています。

私の専門は宇宙空間物理学で、とくにオーロラのことをくわしく研究しています。冬になると特殊なカメラを携えて、大学院生たちと一緒に北極地域へオーロラを調査する短い旅に出ることもあります。二〇一五年の夏、そういった普段の研究の仕方とは違った試みとして、総研大の学融合推進センターの支援を受け、総研大のメリットを活かし、大学院生も巻き込んで文理融合的にオーロラを調べるという研究プロジェクト「オーロラ4Dプロジェクト」を開始しました。それから約五年間にわたって進められたプロジェクトの軌跡と成果を、プロジェクト代表者としての私の個人的な視点から紹介することが、本書のおもな目的です。化学同人から二〇一六年に出版された拙著『宇宙災害』の内容をラジオ番組で紹介したのが、二〇一八年のNHKカルチャーラジオ番組「太陽フレアと宇宙災害」でした。今回は、その逆のパターンになります。二〇一九年末にNHK日曜カルチャー「オーロラからみる日本史」というラジオ番組で紹介した内容をもとに補足して、化学同人から書籍を出版しようという試みです。本書では、太陽と地球の歴史について日本史に学ぶ、ということに挑戦します。第一章は鎌倉時代、第二章は江戸時代、第三章は昭和、第四章は飛鳥時代です。時代は前後しますが、なぜこの順番かは、本書の最後に納得していただけると思います。また、あとがきにかえて、プロジェクトを通して学んだこととして、文理融合の意義についても考察したいと思います。本書を通して、時空や文理を超えた謎解きを楽しんでいただければ幸いです。

二〇二〇年二月七日　　氷点下の立川市にて

片岡　龍峰

本書では、和暦には西暦も併記しています。
西暦の年月日は、一五八二年一〇月四日まではユリウス暦、
一五八二年一〇月一五日からはグレゴリオ暦としました。

日本に現れたオーロラの謎◉目次

第二章 『星解』に描かれたオーロラの謎　47

第三章 タロ・ジロ・たけしと赤いオーロラの謎　83

巻頭解説

オーロラが光るための三要素

本書を読み進めるうえで、オーロラが光る仕組みがわかっていると、謎解きの過程がよりわかりやすくなります。大切なポイントは三つ。太陽風、地磁気、大気です。

ここでは、それぞれのポイントを図を使って解説します（コラム①も参照）。本文を読みながら、わからないところが出てきたら、この解説に立ち返ってみるのも良いでしょう。

太陽風　オーロラが光るそもそもの原因。太陽から常に噴き出している。

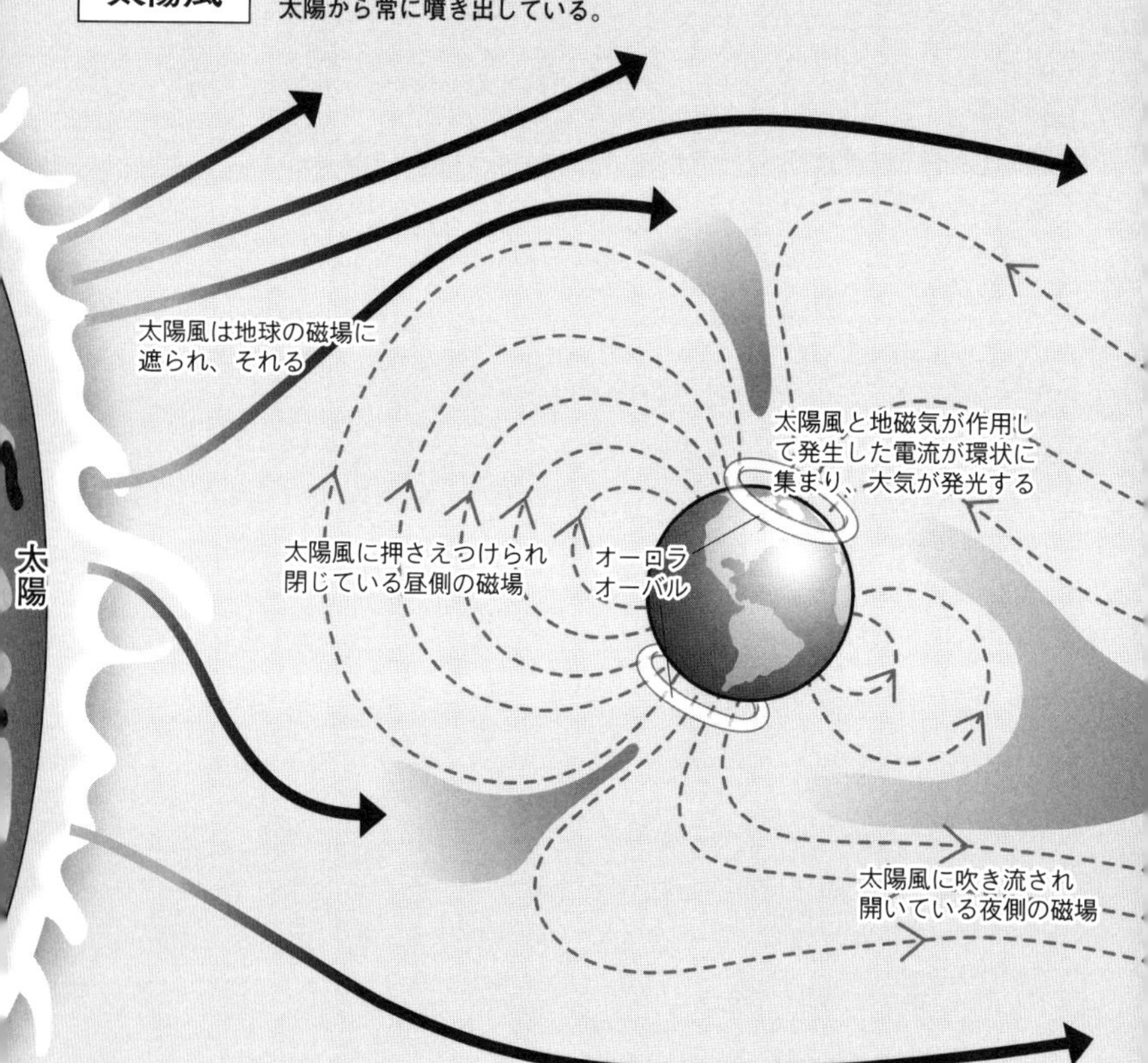

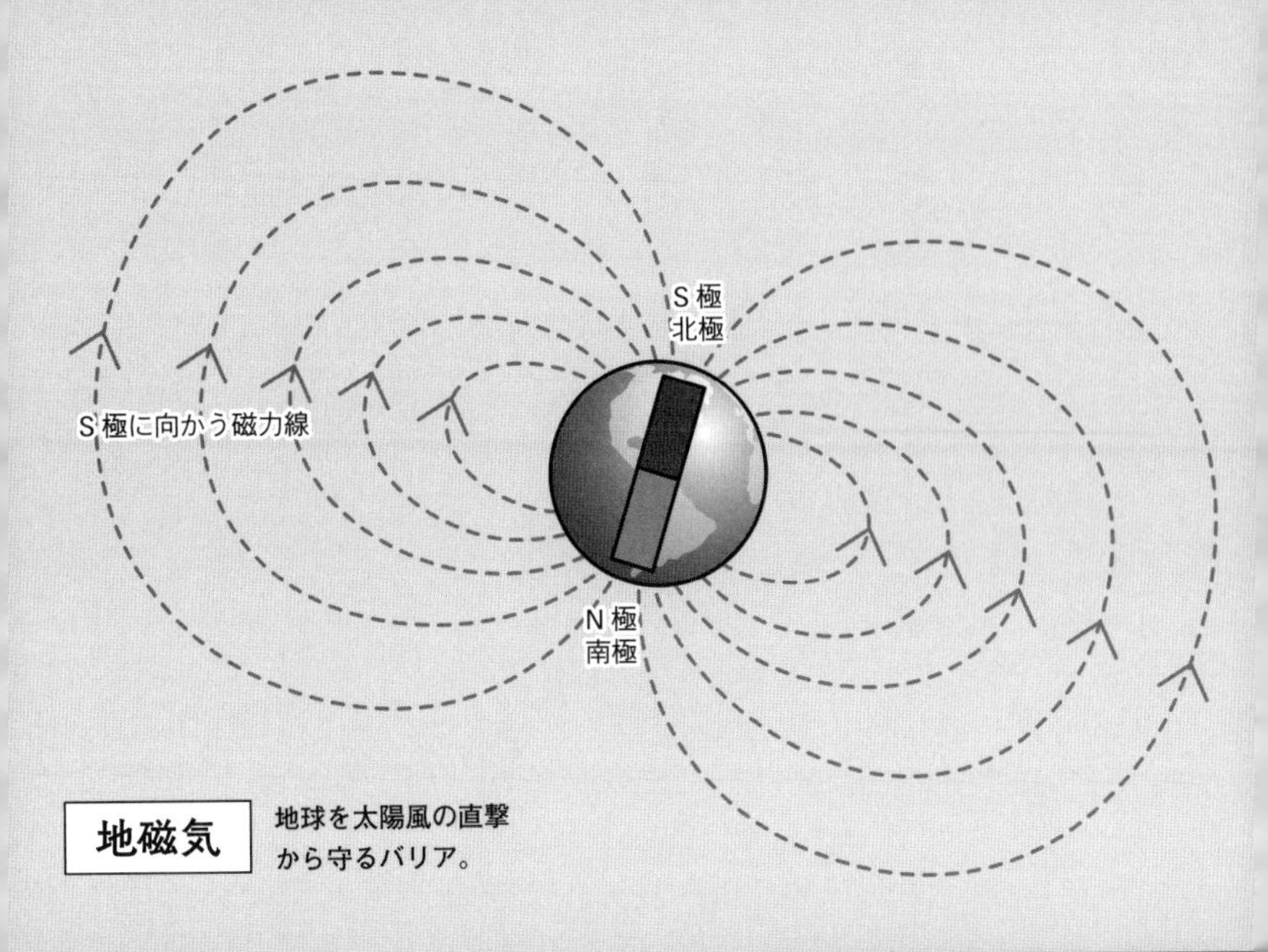
S 極
北極
S 極に向かう磁力線
N 極
南極
地磁気
地球を太陽風の直撃
から守るバリア。

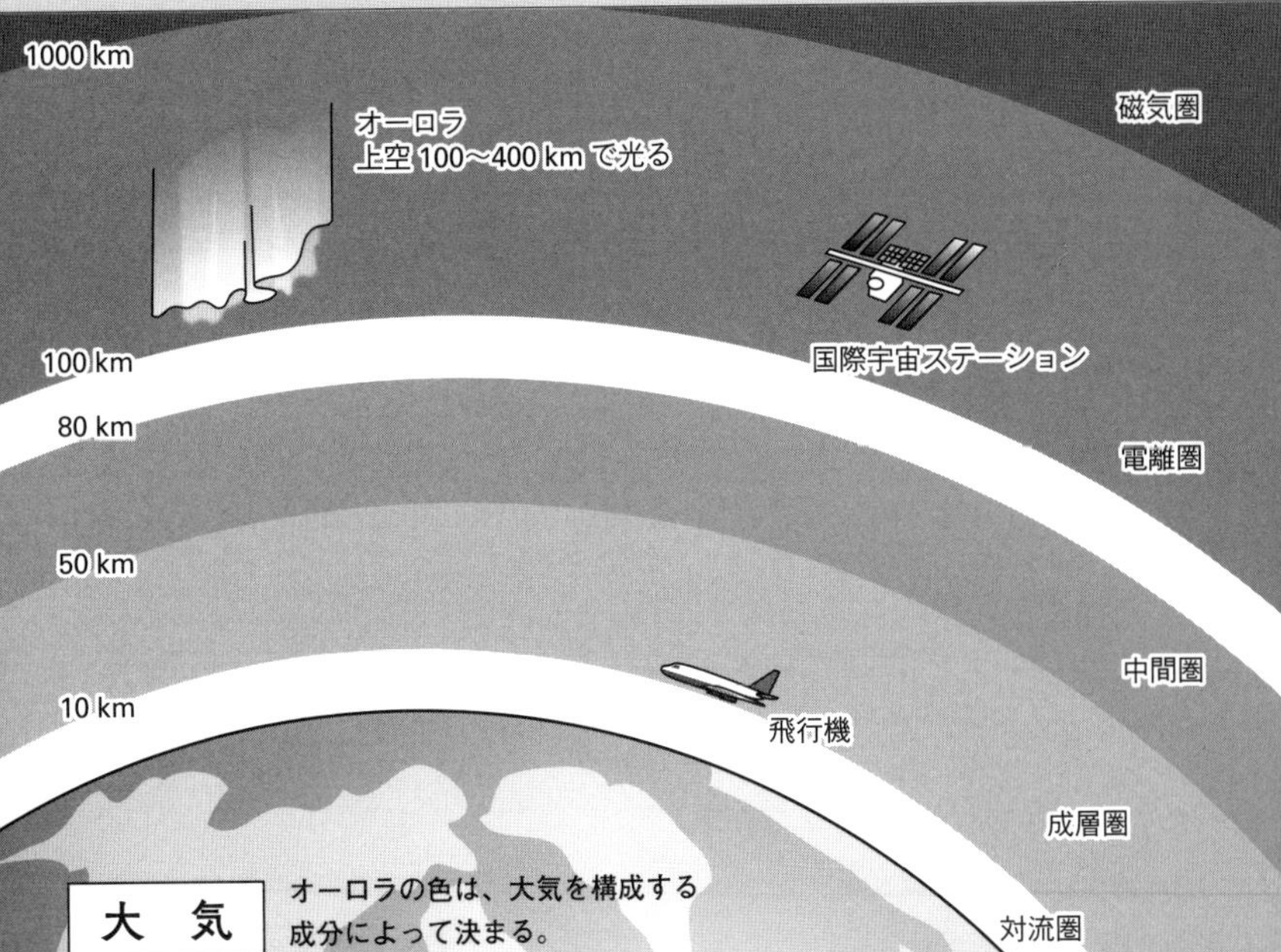
1000 km
オーロラ
上空 100〜400 km で光る
磁気圏
国際宇宙ステーション
100 km
80 km
電離圏
50 km
中間圏
10 km
飛行機
成層圏
大　気
オーロラの色は、大気を構成する
成分によって決まる。
対流圏

第一章

『明月記』の赤気の謎

約八〇〇年前のこと。京都の夜空に怪しい赤い光が出現しました。この「赤気」は一晩では終わらず連夜現れ、当時の人びとはその天変に恐れを抱きました。このとき中国では巨大な太陽黒点が目撃されていたことから、オーロラが出現した事件だったと考えられます。しかし、この「赤気」はなぜ連日にわたって繰り返されたのでしょうか。この素朴な疑問が、当時の宇宙環境の実態を暴く、謎解きの物語の出発点となります。

藤原定家と『明月記』

本章で取り上げるのは藤原定家の『明月記』です。藤原定家は、一二〇〇年に時の為政者、後鳥羽院に認められ歌壇の中心人物として活躍しました。優れた歌人として活躍する一方、古典学者としても秀でており、多くの古典作品を後代に伝えることに大きく貢献しています。その古典作品とは、たとえば『源氏物語』。藤原定家自身の書いた『源氏物語』の写本が残っています。ほかには『新古今和歌集』の撰者としても有名で、なかでも『源氏物語』の舞台のオマージュにもなっている、つぎの歌が有名です。

見渡せば花ももみじもなかりけり浦の苫屋の秋の夕暮れ

また百人一首でもよく知られています。藤原定家は『小倉百人一首』の撰者ですが、自身の歌も入っています（九七番目の歌です）。

こぬ人をまつほの浦の夕なぎに焼くや藻塩の身もこがれつつ

本章で注目する『明月記』は、藤原定家が青年期の頃から、亡くなる一二四一年に至るまで書き続けた、漢文体の非常に長い日記です。その中でも赤いオーロラを記述したとされる箇所に注目するのですが、藤原定家が初めて「赤気」を目撃したのが一二〇四年の二月二一日でした。原文のまま紹介しましょう（現代語訳は後述します）。

建仁四年正月一九日　天晴（中略）秉燭以後、北并艮方有赤気、其根ハ如月出方、色白明、其筋遙引、如焼亡遠光、白色四五所、赤筋三四筋、非雲、非雲間、星宿歟、光聊不陰之中、如此白光、赤光相交、奇而尚可奇、可恐々々

鎌倉時代の和歌の達人が、このように具体的に、まるで先端的な科学者のように夜空の様子を書き残していたことは驚きです。興味深いことに、この二日後にも定家は赤気を目撃しています。京都でオーロラが見られるということだけでも驚きなのですが、その翌々日にもオーロラが出てきた、というのです。なぜ、オーロラがまた現れたのか。そういう疑問から始まった謎解きの物語を、本章では紹介したいと思います。

オーロラと磁気嵐

オーロラとは何でしょうか。たとえ見たことがある方でも、オーロラとは何ですか、と急に問われてもたぶん困るのではないでしょうか。それは、いろいろな答え方があるからだと思います。私は、オーロラとは宇宙空間が人間の目にも見えるようになる現象です、と答えるようにしています。見えないはずの宇宙空間が、人間の目にも見えるようになる現象。見えないはずの磁力線もキラキラと見える。この説明で気になることと言えば、宇宙空間とい

う言葉だと思います。オーロラは地球の近くに現れている自然現象のように見えるかもしれませんが、宇宙空間で発光している現象なのです。

オーロラは普段、北極域や南極域で見られるものです。オーロラが見られる有名なところといえばどこでしょうか。アメリカのフェアバンクス、カナダのイエローナイフ、ノルウェーのトロムソ、アイスランド、南極の昭和基地。いずれも磁気緯度で六五度くらいの地域です。緯度が高ければ高いほど見られるというわけでもなく、磁気緯度で六五度くらいだとオーロラが見られやすいということなのです。

普通に使う緯度は地理緯度とも呼ばれ、自転軸を基準にして目印をつけていったものですが、磁気緯度とは地磁気の北極を基準にして目印をつけていった緯度です。自転の軸と磁石の軸は、いつの時代も一〇度くらいは、ずれているのが当たり前。そのせいで地理的な緯度と磁気的な緯度が若干異なります（図1‐3参照）。オーロラが見られやすいのは、そういう磁気的な緯度の六五度くらいと決まっています。私も、磁気的な緯度の高いところ――カナダ、アラスカ、北欧――に行ってオーロラを調べています。

オーロラは宇宙空間が発光していると述べましたが、地上からの高さで一〇〇キロメートルから四〇〇キロメートルで発光しています。緑色のオーロラは一〇〇キロメートルくらい、赤色のオーロラは高いものだと四〇〇キロメートルくらいまで伸びています。国際宇宙ステーションが周回しているところも宇宙空間ですが、国際宇宙ステーションがオーロラに突入するということも、ときどき起こっています。これは国際宇宙ステーションが周回している高度が四〇〇キロメートルであることを考えれば、自然なことに思えます。しかし、国際宇宙ステーションは北極や南極を飛んでいません。つまり、緯度の高くない地域を周回しているのですが、オーロラがその緯度の低い地域にまで広がってくることがある、ということです。このように、オーロラが緯度の低い地域にまで拡大するときは、「磁気嵐」と呼ばれています。そういう特別なときに国際宇宙ステーションもオーロラに突入するということが起こるのです。本書の舞台となるのは、このように、人間のアクセスできる近場の宇宙空間です。

日本でも国際宇宙ステーションでもオーロラが見られるような特別な状況、それが磁気嵐です。磁気嵐が起こるときの、私たちの住む太陽系の状況を、具体的にイメージしてみましょう。まず太陽には、大きな黒点が現れます。太陽を顔だとすると、黒点はほくろのようなものです。黒点は大きさも形も刻々と変化し、ひどいときにはプラズマの爆発を引き起こしてしまう性質があります。すると、太陽から宇宙空間へ爆風が噴き出します。一度の爆発で、核兵器の一億倍くらいのエネルギーが解放され、一回あたり一〇億トン程度のプラズマのガスが噴き出るのです。この爆風は「コロナ質量放出」と呼ばれています。コロナ質量放出は、ものすごいスピードで太陽から地球まで吹き流れ、やがて地球全体を包み込んでしまいます。そのコロナ質量放出のエネルギーを地磁気が吸いとるかたちで、地球で磁気嵐が発生するのです。普段は考えないイメージだと思いますので、もう一度、箇条書きで繰り返しておきます。①まず太陽に大きな黒点が現れます。②すると爆発して太陽から宇宙空間へ爆風が噴き出します。③それが数日ほどで地球まで到達します。④そのコロナ質量放出に包まれた地球では、磁気嵐が発生します。

ここまで、磁気嵐とはそもそも何なのかを説明しませんでした。磁気嵐とは、世界中の地磁気が激しく乱れる自然現象のことです。ひらたく言えば、いつもは真北を指すコンパスが世界中で狂ってしまうのです。磁気嵐が発生しているときは、緯度の低い地域にまでオーロラが拡大してきます。オーロラの研究者であれば誰でも、磁気嵐はどこまでひどくなりうるのか、オーロラはどこまで低緯度に拡大できるものなのか、磁気嵐の限界はどこなのか、という問いの答えを知りたくて研究しています。しかしその問いに答えるのは簡単ではありません。なぜなら大きな磁気嵐ほど、滅多に起こらないため、実態がよくわからないからです。

一〇〇年に一度発生するかしないかという大規模な磁気嵐となると、現代的な観測器で調べた例がなく、ほとんど手がかりがないのです。

オーロラ4Dプロジェクト

日本の古典籍には、一〇〇〇年以上にわたってびっしりと記録が残されています。読み解くのは簡単ではありませんが、そういう日本の古典籍に残っているキーワード――たとえば「赤気」――を頼りにして、めったに起こらない巨大磁気嵐がいったいどのようなものなのか、どれくらいの頻度で起こるのか……そういう重大なヒントを学べるのではないかと考えて、二〇一五年の夏、私たちは新たな研究プロジェクトを立ち上げました。

その名も「オーロラ4Dプロジェクト」です。4Dとは四次元のことで、時空を超えてオーロラを調べていきたい、という軽い気持ちでつけたものです。オーロラ4Dプロジェクトを支えてくれたのは、総合研究大学院大学（総研大）の学融合推進センターと、国文学研究資料館（国文研）の歴史的典籍ネットワーク事業（NW事業）です。文系側のカウンターパートとしては、山本和明先生に助けていただきました。山本先生とは、廊下で世間話をしたことがある、という間柄でした。

二〇一五年夏、普段は顔を合わせない文系の研究者と、理系の研究者、それから大学院生たちが、立川に集まりました。このときはまだ、研究の方法すらも確定していません。そこでキックオフ・ミーティングでは、まずどうやって研究を進めていけばいいのか、学生も一緒になって知恵を出し合うことになりました。

当時、総研大の日本文学研究専攻の大学院生をされていた武居雅子さんの発表が非常に重大だったことが、いまになるとよくわかります。先行研究ですでに知られていることですが、オーロラと思われる記述が『明月記』に書いてありますので、改めて、その本文を具体的に一文字一文字読み下しましょう、という発表でした。先に紹介した、定家が四三歳のときに残した文章です。もう一度目をとおしてみましょう。ここでは現代語訳を紹介します。

一二〇四年二月二一日、晴れ。日が暮れてから北および北東の方向に赤気が出た。その赤気の根元のほうは月が出たような形で、色は白く明るかった。その筋は遠くに続き、遠くの火事の光のようだった。白いところが五箇所あり、赤い筋が三、四筋。それは雲ではなく、雲間の星座でもないようだ。光が少しも陰ることのないままに、このような白光と赤光が入り混じっているのは不思議なうえにも不思議なことだ。恐るべきことである。

その翌々日の日記にも赤気が出てきます。

一二〇四年二月二三日、晴れ。風が強い。日が暮れてから、北、北東の方向にふたたび赤気が現れた。それは山の向こうに起きた火事のようだった。重ね重ねとても恐ろしい。

このように日記の記述をくわしく紹介されて、理系の研究者たちには何かしら引っ掛かるものがありました。太陽物理学者の磯部洋明さんは、すかさず「ちょっと待ってください、一日置いてまたすぐ赤気が観測されていたということですか」と発言されました。この瞬間、磯部さんはもちろん私も、これは最近起こった最悪の「ハロウィン・イベント」とよく似ている、ということに気づいたのです。

ハロウィン・イベント

このようにして、いきなり物理学的な仮説が得られました。その仮説とは『明月記』に記された赤気は、ハロウィン・イベントと同じような現象が発生したことを示しているのではないか」というものです。これはつまり、太陽の巨大爆発は、一度起こるとなかなか止まらないのではないか、ということを意味します。

ところで、ここではまずハロウィン・イベントとは何かを説明しなければなりません。太陽の爆発現象は、人間たちの都合とは無関係に、いろいろな日に起こります。晴れやかな記念日にも起こったりします。爆発現象のそれぞれに特徴があり、それぞれの顔は異なり、同じような爆発でも専門家にとっては、「この日に起こったのは爆風が速かった」とか、「この日に起こったのは黒点がすごく良い感じに回転していた」というように、注目すべきポイントがあります。したがって、何か世界共通となる名前をつけて記録に残すわけですが、そのときにどうするかというと、爆発が起こった時期の有名なお祭りや、記念日などから名前をつけます。つまり、宇宙の専門家の間でハロウィン・イベントと呼ばれているのは、二〇〇三年の一〇月末、ハロウィンの時期に起こった太陽の爆発的な活動や磁気嵐のことなのです。もし街中で宇宙の研究をしている人を見かけて、「ハロウィン・イベントって何ですか」と尋ねれば、かぼちゃのお面とか仮装とかといった回答はもはや期待できず、「えーと、あの太陽の嵐のことですよね」という回答になってしまうことでしょう。ハロウィン・イベントとは、それほどインパクトの強い太陽の爆発現象だったのです。

ハロウィン・イベントについて、もう少し具体的に述べておきましょう。太陽に巨大な黒点がいくつも出現し、コロナ質量放出と呼ばれる爆風が何度も発生し、地球にも何度もコロナ質量放出が襲いかかりました。そのため地球では、磁気嵐が何度も発生しました。日本への影響としては、一〇月二九日と三一日に北海道でオーロラが観測されています。もちろん良いことばかりではなく、数十機の人工衛星に障害が発生し、地上でもスウェーデンの発電所が停止するという事故が起こっています。

大きな磁気嵐が起こると、普段はオーロラが見られない地域にオーロラが出現するというのは嬉しいことかもしれません。しかし、現代社会では発電所がオーロラの悪影響を受けやすいインフラであり、起こってはまずい規模の停電事故にもつながります。実際に、一九八九年三月一三日には、カナダのケベック州で、磁気嵐によって停電事故が発生しました。ほぼ全電力網二一・五ギガワットが停止。このブラックアウトは九時間続き、約六〇〇万人が影響を受け、二〇〇〇億円程度の経済損失がありました。磁気嵐によって地球規模で地磁気が乱れることは、長距離が電線でつながれた二地点に大きな電位差を生じることと電磁気的に等価なことのため、接地されている箇所に流れ込んでしまう異常な電流によって変圧器が加熱され、故障してしまうのです。このような、現代社会のインフラが宇宙から受けるさまざまな影響の詳細については、拙著『宇宙災害』もご参照ください。ハロウィン・イベントでも、三日連続で大規模な磁気嵐が発生しました。その影響で北海道では、北の空に赤いオーロラが観測されました。

このハロウィン・イベントに似た現象の、日本最古の記録が『明月記』の赤気なのではないか。武居さんの読み下しを音声で聞いた瞬間、理系の研究者たちが同じように気づいたというわけです。

コロナ質量放出と磁気嵐

現代的な太陽の観測では、太陽の周りの淡い光――皆既日食のときには肉眼でも見ることができるコロナ――をずっと監視し続けています。もう二〇年以上も太陽望遠鏡SOHOによって観測が続けられているのですが、その観測からわかるのは、太陽から何度も何度も爆風が噴き出しているということです。映像として見ることもできます（二次元バーコードは動画へのリンク）。ハロウィン・イベントのコロナ質量放出の映像は本当に見事で、一度始まった太陽の爆発はなかなか止まらないということが実感できます。そして、このような爆発現象が現代社会にとっては最悪の事態を招きかねないということは、先に紹介したとおりです。大規模な爆発が一度起これば、一気にエネルギーを解放してそれっきり止まってくれるのなら良いのですが、まるで巨大地震の余震のように、一度起こると似たような規模の爆発が繰り返し発生します。ただこれは、現代的な観測からわかってきたことであり、いまの人だから知っているということでもあるのです。いまの研究者にとっては、最悪の宇宙環境では何度もコロナ質量放出が起こり、何度も巨大磁気嵐が起こるのが当たり前で、単発で終わるほうがちょっと不思議に感じるくらいです。

また、コロナ質量放出が連発して、どんどん威力を増すこともあります。コロナ質量放出は爆風ですから、爆風が吹いてその後ろからもっと速い爆風が追いついてきたりすると、通常では起こりえない非常に強い磁場ができて、さらに激しく地球の地磁気を乱すということも起こります。このように、非常に複雑なことが起こりうるわけですが、『明月記』の読み下し文を聞いたときはちょうど、コロナ質量放出が連続して複雑なことが起こることこそ巨大磁気嵐の原因ではないか、という研究をしていた時期でした。まさに、ハロウィン・イベントをシミュレーションで再現する研究に挑戦していたところだったのです（図1-1）。そ

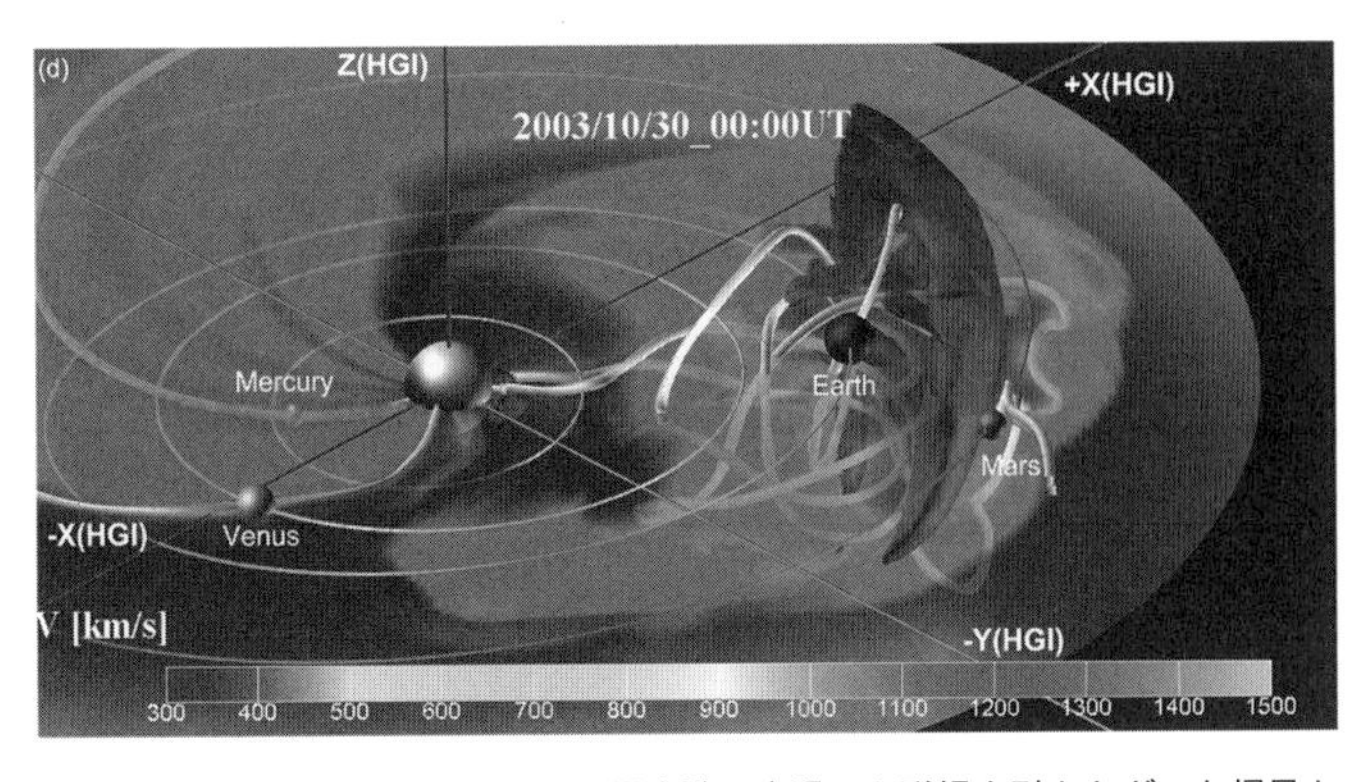

図 1-1 ハロウィン・イベントの再現実験。太陽から磁場を引きちぎった爆風と衝撃波が、地球や火星を包み込む様子。うどんのように描いてあるのは、ねじれた磁力線。Shiota & Kataoka (2016) より。

のようなタイミングで『明月記』の赤気の記録に出会ったのは、私たちにとって非常に幸運なことでした。

巨大黒点

古い記録では、単独の記述として「赤気が出た」と書いてあっても、何かの見間違いではないかと不安になるものです。そのため別の記録に当たって裏を取らないと、確信がもてません。ところが『明月記』の赤気の場合には、その裏づけとなる独立した史料が見つかりました。国宝にも指定されている、京都の仁和寺の歴史を記した『御室相承記』です。そこに残されていた記録から、赤気の部分の現代語訳を紹介しましょう。

建仁四年二月一九日、午後八時頃、赤気が白雲に混じって北西から北東の空にかけて見えた。二〇日も同じことが起きた。北東から北に至るまで空には白雲がなかった。二一日も同じ。稀に見る天変だったので高野山参詣を取りやめた。

『明月記』と違うところが一つあります。それは、「二〇日も同じことが起きた」と書いてあり、『御室相承記』では三日連続で赤気が見えたと記録されている点です。『明月記』では、二〇日の日記に赤気は出てきません。そういう違いはあるものの、かなり似たことが書いてある。これは裏づけになります。さらに興味深いのが、「稀に見る天変だったので高野山参詣を取りやめた」という記述です。国際学会でこの記述を紹介したところ、NASAの研究者から、これはもしかして一番古い宇宙天気の危機回避行動ではないか、というコメントをもらうことになりました。

日本で赤気という記述が見つかり、それが本当にオーロラであれば、となりの国、たとえば中国の夜空にも同日にオーロラが出ていた、という記録が残っていても不思議はありません。つまり、日本の記録と、中国の記録のマッチングをとるために、中国のカタログを参照することが有用なはずです。このために、よく関連研究で使われている『中国古代天象記録

図１－２　『中国古代天象記録全集』。

全集』（図１－２）を見てみたかったのですが、なんと極地研の図書室に所蔵してあったのです。これによってハードルが下がり、研究が加速しました。さっそく『明月記』の赤気イベントの日付をこのカタログで調べると、巨大な太陽黒点が同日に記録されているのを見つけたのです。これは予想しておらず、大変驚きましたし、感動しました。この箇所の現代語訳を紹介しましょう。

一二〇四年二月二一日太陽の中にことごとく黒点がありナツメのように大きい。

どうやら巨大黒点が発生したと書いてあることは、素人の私にもわかります。たしか普通の黒点はゴマなどにたとえると聞いていましたので、ナツメということは、普通の黒点よりも相当大きいということでしょうから、巨大黒点に違いありません。私はこれを発見して、なるほどすごいぞと興奮していました。ただ同時に、何か変だという違和感もありました。もともと私はオーロラの記録を調べようとしていたはずで、そういう冊子を借りてきたのに、なぜ黒点が見つかっているのかと思ったのです。これは単純に私のミスで、そういう調べものに慣れていなかったため、初めのほうから順番にページを開いており、じつは太陽の章を見ていたので、このような間違いをしてしまったのです。

しかしこれは、結果として非常に良い間違いでした。中国では巨大黒点が観察され、日本ではオーロラの記録が残っていたということは、まさにハロウィン・イベントのような現象であると言えます。うっかりミスをしてしまったからこそ、確信できたわけです。これはたとえて言えば、八〇〇年前に行われた国際コラボレーションによる宇宙天気のモニタリングです。私の気持ちの中では、分厚い本を抱えながら、時空を超えて中国人になったり日本人になったり、八〇〇年前の人たちの気持ちに共鳴していました。まさかこの歴史書や日記から、こういう体験ができるのかと驚き、感動したわけです。

ここでもう一つ、ダメ押しを付け加えます。藤原定家は同年の三月にも赤気を見たと書いています。じつはこれも現代的な宇宙天気の知識で、自然な説明ができるものなのです。太陽は地球から見て二七日周期で一回転しているのですが、いったん現れた巨大黒点はすぐには消えず、太陽の裏側に沈み、ひと月ほどかけてまた同じような場所に戻ってきます。そしてまた似たような爆発を繰り返すわけです。藤原定家が三月に書き記した赤気は、このサイクルに合致すると言えるでしょう。ちなみに、ハロウィン・イベントの翌月、一一月末には、過去二〇年で最大の磁気嵐が発生しています。

宇宙の歴史を知る樹木年輪

いまの時代、昔の地球環境を復元するという科学研究も可能です。このオーロラ4Dプロジェクトの研究メンバーとして、屋久杉の年輪から太陽活動を復元するという研究で有名な宮原ひろ子さんも参加していました。一三世紀前後、藤原定家が赤気を見ていたこの時代は、太陽活動が非常に活発であったということが、樹木年輪の研究からわかっていました。つまり日本のような緯度の低い地域に、時折オーロラが見られても不思議はありません。屋久島の杉は長寿ですので、数千年の記録を引き出せるということは良いとして、なぜその屋久杉が太陽活動を知っているのかは疑問に思われるかもしれませんので、少し補足しておきましょう。

太陽活動によって空気中の炭素の同位体、つまり重さの異なる炭素の量が変化します。樹木は二酸化炭素としてその炭素の同位体を取り込み、それが年輪の一枚一枚に記録されているので、それを逆にたどっていけば太陽活動を復元できるわけです。そのような研究手法の絶大なメリットは、年輪が毎年毎年一枚一枚増えるため、一年という時間分解能があるということです。数千年とか十万年とかの変化を調べるわけですから、そういう意味ではものすごい細かく時間変化を知ることができるのが樹木年輪の特徴です。

太陽活動には一一年周期があります。二〇二〇年現在の太陽活動は、一一年周期の一番下がっている状態にあり、オーロラ観光には適していない年になりますが、いっぽうで太陽活動の一一年周期のピークでは、太陽のあちこちに黒点が出現し、バンバン爆発して磁気嵐をたくさん起こします。太陽黒点がふたたび活動のピークを迎えるのは二〇二五年頃とされており、この時期には、変わった色のオーロラ、激しいオーロラ、明るいオーロラを見たい方にとってチャンスになることでしょう。

このように、年輪を使うと太陽活動の一一年周期も調べられますので、たとえば、藤原定家が赤気を目撃した一二〇四年は、その一一年周期のピークであろうと私は期待しているわけですが、それを検証する研究が進められています。『明月記』が書かれた時代の年輪を一

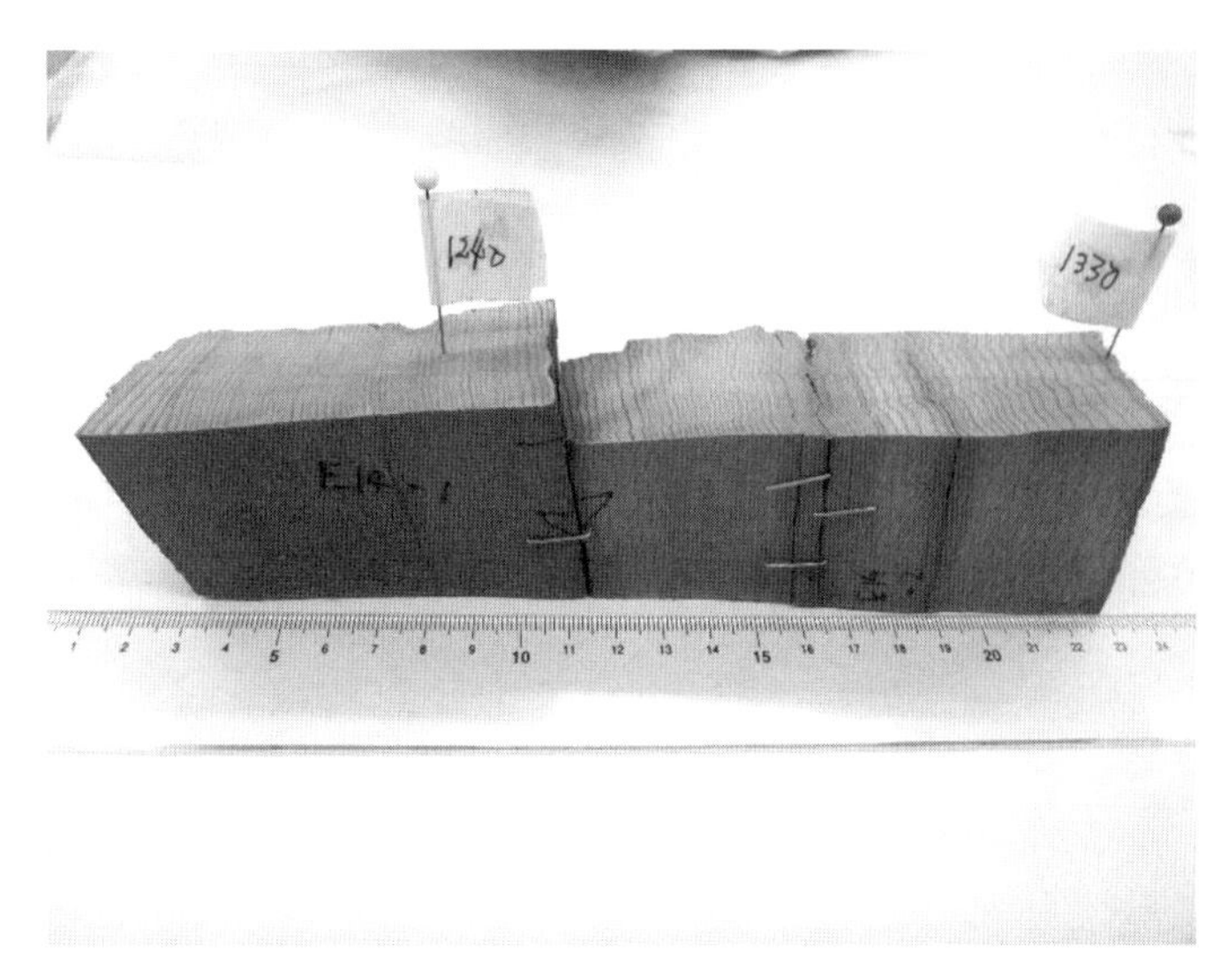

図 1-3　アスナロの木。武蔵野美術大学・東北大学との共同研究。

枚一枚剥がして測定されていますので（図1-3）、結果を楽しみにお待ちください。なお一一世紀から一二世紀にかけては、すでに測定済みの一一年周期の復元データがあります。また、この頃は中国の歴史書にやはり連続的に赤気が出たという例がいくつもあります。それらを比べてみると、やはり一一年周期のピークの近くで連続的に赤気が記録されているということも確かめられました。この中国の歴史書の分析に関しては、京都大学の文系理系両方の学生たちの助けもあり、仮説の検証が進みました。

磁気緯度で六五度くらいの地域にオーロラが出やすいということについては冒

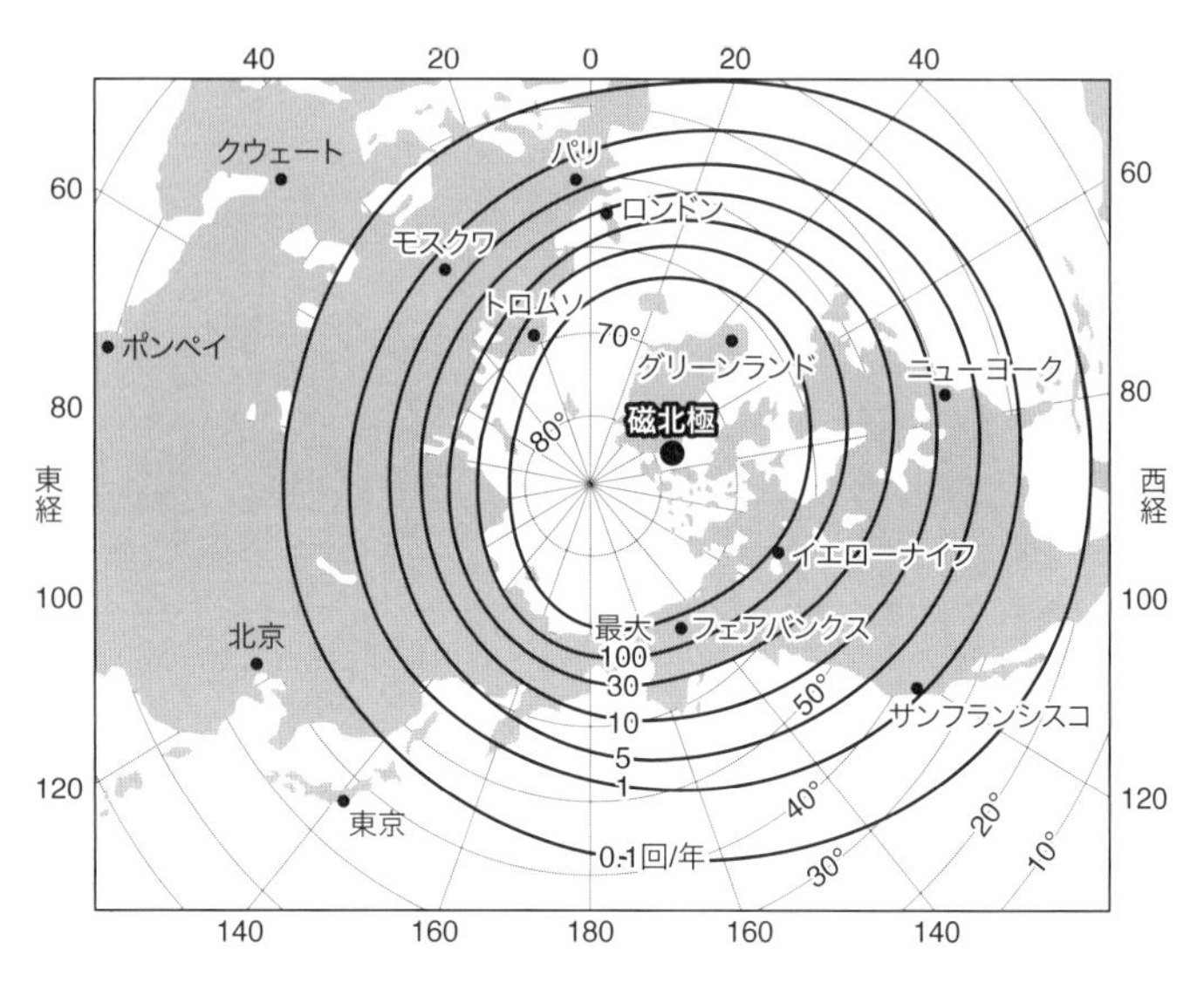

図 1-4　オーロラ出現確率の世界分布図。M＝100 という線は、この地点では 1 年に 100 晩オーロラが見えることを示している。北海道あたりの M＝0.1 という線は統計上 10 年に 1 度見えることを示している。上出洋介『オーロラの科学』誠文堂新光社（2010 年）を参考に作成。

頭でも説明しましたが、地磁気の北極はいつの時代も、自転軸から一〇度くらいずれています。一〇〇年も経てば、その場所も変化してしまいます。藤原定家の時代は、地磁気の北極は日本のほうに傾いていました。つまり日本でもオーロラが見られやすい時期だったということになります。これは、世界中に残っている岩石に残された残留磁気から、当時の地磁気を復元してわかったことです（コラム②参照）。現在、地磁気の北極はアメリカのほうに傾いています

（図1－4）。そのため、オーロラ観光にはカナダもすごく良いですね。地理的な緯度が低くてもオーロラが見られやすい。日本は逆サイドなので、いまの日本でオーロラが見られるということは、やはり滅多にないわけです。ところが、藤原定家が生きていた一二〇〇年頃は、日本が有利。巨大磁気嵐が起これば当然、日本でも北の空が赤く染まるようなオーロラが見られたはずです。

当時の宇宙と地球の関係を箇条書きにまとめると、つぎのようになります。①太陽活動が非常に活発な時代だった。②地磁気の北極が日本のほうへ傾いていた時代だった。これはつまり、太陽的にも地球的にも日本でオーロラが観測されやすい時代だったということなのです。

科学者としての藤原定家

なによりも奇跡的なのは、そのときに藤原定家がいた、ということかもしれません。八〇〇年後の人たちが読める詳細な日記を残した人物（アーティストと言っても良いかもしれません）が夜空に思いを馳せる人であり、驚くべき観察力と判断力を兼ね備えていた。言ってみれば科学者だったということです。本章の冒頭では藤原定家を和歌の達人と紹介しましたが、科学者でもあったということは、現代の天文学会も認めているところです。というのも、二〇一九年三月に、『明月記』が第一回日本天文遺産に認められたのです。その理由は、「望遠鏡発明前に観測された超新星のうち三件（一〇〇六年、一〇五四年、一一八一年）が記載されているほか、日食や月食、オーロラなどの天文現象についての記載があり、天文現象の古記録としてきわめて重要な意義を有する」とされています。

いまはカニ星雲として知られている明るい天体があり、これは『明月記』に書かれている一〇五四年の超新星の残骸であるという研究が有名です。『明月記』は、天文学の分野では、グローバルにも有名な書物になっているのです。日本天文遺産の設定理由の最後には、「明月記は天文学の専門的な文献資料ではないが、そこに記されたさまざまな天体現象の古記録は、近代科学に貢献したことも含め、歴史的に非常に大きな価値を持つものである。以上のことから、明月記を二〇一八年度の日本天文遺産に認定する」と書かれています。これは藤原定家が一流の科学者でもあったことが、いまになって認知されたと言えるのではないでしょうか。

古天文学

ここまで、オーロラ4Dプロジェクトの始まりのところを紹介してきましたが、古い文献から科学的な情報を引き出して新しい科学的な知見を得るという研究は、これまでにもたくさんありました。藤原定家の超新星の研究もそうですし、「古天文学」という研究分野にもなっていますので、それ自体は新しいことではないと思います。このオーロラ4Dプロジェクトで本質的に新しい何かがあるとしたら、文理双方向の影響ではないかと考えています。歴史書や日記のようなものから科学的な知見を引き出して科学が進展するという、文から理への貢献だけではなく、そうして得られた科学的な発見がさらに歴史学や文学に影響を与え、理から文へも貢献できる。それこそが、オーロラ4Dプロジェクトでやりたいことだと考えているわけです。

そこでその可能性として、『明月記』を例に、歴史学への貢献の可能性を一つ紹介しましょう。まず、今回の研究成果は、天変地異の史実を確定した、という大きな意義があります。一二〇四年二月二一日から二三日は、本当にオーロラが京都に出ていたのです。では、どうしてこの史実の確定が大事なのでしょうか。当時は迷信に頼っていた時代とも言えますし、流言飛語の時代ともいえます。しかし『明月記』に書かれていた赤気は見間違いではなく、科学的検証を重ねれば重ねるほど、たしかに日本の空にオーロラが出ていたのだということが明らかになりました。そしてそれは、ありふれた単純な現象と捉えられていたわけでもなく、当時の社会でもやはり滅多にない空の異変であり、藤原定家も含めて当時の人びとが非常に驚いていた、ということがわかったのです。このように、その史実を科学的に確定した意義は大きく、その後の研究への展開にも期待が持てます。たとえば、天変地異に関するその当時の人びとの意識が、具体的にどう変化していったのかという研究に、役立つかもしれません。

さらに文学への貢献も考えられます。岩波書店の『科学』という雑誌があります。科学に関するテーマを取り扱う雑誌ですが、二〇一七年九月号に、私と寺島恒世先生と岩橋清美さんで、オーロラ4Dプロジェクトの紹介をするという機会を得ました。この中で、藤原定家の専門家の寺島先生が考察された内容をもとに紹介しましょう。

『日本国語大辞典』(小学館)で「赤気」は、「夜、もしくは夕方、空に現れる赤色の雲気。彗星のことども」とされています。「赤気＝オーロラ」と限定しておらず、彗星の可能性も残しています。そこで次に『広辞苑』(岩波書店)の「赤気」の項目を見てみると、第六版(二〇〇八年)から「赤色の雲気。彗星・超新星・オーロラのことともいう」と改訂されています。やはり「赤気＝オーロラ」と語義は限定されておらず、いくつかの可能性を持たせる表現になっています。しかし、『明月記』に記された赤気がオーロラであることが明らかになったことで、「赤気＝オーロラ」と語義を限定させる根拠ができました。

これは国語辞典の記載が変わる可能性を示しています。そう考えると、文学への貢献ということも具体的にイメージしやすくなるのではないでしょうか。

もちろん以前から、赤気はオーロラであろうということは、一つの説として言われてきていました。たとえば一番有名な本として、斎藤国治(くにじ)先生の『定家明月記の天文記録』があります。その中でも赤気はオーロラであろうというふうに書いてあります。ところが月や星の解説ほど詳細な分析がなされておらず、辞書の編纂(さん)者を納得させるだけの証拠にならなかったのではないかと寺島先生は分析されています。オーロラ4Dプロジェクトでは、『明月記』の赤気という記述は、あらゆる面からオーロラと考えて間違いないということを繰り返し説明してきました。これによって少なくとも『明月記』の赤気はオーロラと言い切っても、誰もが納得できるという意味で、完全に定まったと言えるでしょう。この意義は大きいというのが、寺島先生の分析です。

寺島先生の分析を、もう少し紹介しましょう。赤気の描写についてです。

特筆されるのは、理系研究を大きく進めた現象の色彩や形状描写の正確さと、現象の特異性を認定する分析である。特に複数度におよぶ「赤気」現象を「奇而尚可奇」（原文）とする批評には留意される。『明月記』が書き留める多くの天文現象において、「奇にしてなお奇なるべし」と「奇」を重ねる評言はこの一例のみである。方角・色彩・形状・変化等を正確に（中略）記すこの記事は、定家の卓越した観察力と判断力を示すものである。

また、改めて『明月記』とは何かについて寺島先生が考えられた文章も紹介します。

敢えて喩えればレオナルド・ダ・ヴィンチのように恵まれた芸術・学術双方の資質に富む定家の営みの解明を進めることで、彼は何を考え『明月記』を書き連ねていたのかが見えてくるであろう。

こうした省察は唯美性や幻想性を湛え、虚構の美に特徴を持つ定家の和歌が、実は詳細な観察と精密な分析に裏打ちされていた可能性をも思わせ、彼の芸術の営みの問い直しも求められてくる。

時空を超えて

藤原定家の『明月記』に触れたことを、私がどんなふうに捉えているかについても書いておきたいと思います。私自身、この研究を始めるまでは、藤原定家に関しても、『明月記』に関しても、ほとんど無知でした。しかし共同研究によって藤原定家に出会うことができたのは、非常に幸運だったと考えています。そのように考える気持ちは年々強くなるばかりです。興味が出てくると、暇さえあればスマホでも、藤原定家の歌を調べたりもします。そうすると、どんどん深みにはまっていって、面白いと思う気持ちが止まらなくなります。最近、とくに驚いた歌が冒頭でも紹介した、百人一首の有名な歌です。

こぬ人をまつほの浦の夕なぎに焼くや藻塩の身もこがれつつ

どういう歌なのかを調べると、非常に興味深いことがわかります。恋の歌なのですが、バックグラウンドがあります。『万葉集』には「松帆の浦」という言葉が出てくる歌があり、淡路島の松帆の浦で藻塩をつくっている海女さんがいると聞いたが、船も梶(かじ)もないので会いに行くことができない、という内容です。それを受けて今度は海女さんの立場で書いた、ラブレターへの返事がこの歌なのです。そういう五〇〇年越しのラブレターを詠んだ藤原定家が八〇〇年の時を超えた現代においてオーロラの研究に貢献している。いわば時空を超えていて、文理が融合する研究を模索しはじめた最初の段階で藤原定家に出会えたことは、プロジェクトにとっても私自身にとっても、確かに幸運なことだったと考えています。

ここまで、オーロラ4Dプロジェクトの研究成果第一弾について紹介してきました。一〇〇〇年以上の蓄積がある日本の古い記録は、いまの私たちに多くのことを教えてくれるようです。何か新しい学問の扉が開いたのではないかとも感じます。この『明月記』の例をとっても、物理学的にわかってきたことを具体的にいくつも挙げることができます。まず、現代的な太陽物理学の常識が、過去一〇〇〇年ほどは通用しそうであるということです。いったん爆発した太陽は止まらない。そういうことは割と普遍的であるということ。それから現代社会へ与えるダメージを評価することにも有用です。単発の太陽の爆発がどれほどの影響を与えるかを推定しているだけではダメで、大きな爆発ほど何度も繰り返すということを考えなくてはなりません。単純に考えても、単発で推定する被害の数倍になるだろうというように、実用科学的な側面としても大きな貢献があります。また、科学的な貢献だけではなく、歴史学的には天変地異の史実を確定していくということにもつながっています。これは土着の自然観、あるいは人びとの意識の変遷、天変地異への応答を知るうえでも重要でしょう。文学に関しては、語義がこのように確定していくこと、さらには藤原定家がどういう人物だったのか、『明月記』とは何かといったことを理解するうえでも、このような文理融合的な営みが貢献できる余地は十分に残されているようです。

コラム①

オーロラができる本当の仕組み

電流や熱の刺激によって、酸素や窒素が発光する現象がオーロラです。よくある誤解に、「太陽風がぶつかるのがその刺激だ」という説があります。このコラムではこの説を正しておきたいと思います。オーロラ解説のウェブサイトや、それを参照してつくったと思われるオーロラ観光の本、そして残念なことに一部の地球や宇宙の解説書でも、「太陽風が大気にぶつかって、それが刺激になってオーロラが光るのです」という説明がされています。これは間違いです。太陽風は地磁気に阻まれて、大気にはぶつかりませんし、もし地磁気がなくなってぶつかるとしても、ぶつかるのは地球のお昼側です。夜に光るオーロラの説明になっていません。また、太陽風が大気にぶつかるという考えを突き詰めていっても、決してオーロラの発生分布は予測できません。

では、オーロラが、どこでどんなふうに光るのか、そういう予測をできる説明はあるのかと言うと、あります。結構複雑になるのですが、そのことを説明した『オーロラ見つけた』

という絵本を、イラストレーターの川添むつみさんと一緒に書きました。猫のたけしという キャラクターが登場するその本の巻末には、お父さんお母さん向けのオーロラの仕組みの説明も書きましたので、それをもとに説明します。また巻頭にある「オーロラが光るための三要素」もあわせて見ていただくと、より理解しやすいと思います。

オーロラを光らせるために必要な要素は太陽風、地磁気、大気の三つです。太陽風というのは太陽から吹き出している風のことですが、地上で吹く風とは違い気温一〇〇万度といった高温のため、もはや気体ではなくプラズマという状態です。太陽風が大気にぶつかる、ということはありません。その理由は地球に強い磁場があるからで、その磁場が地磁気と呼ばれています。プラズマの風である太陽風には、地磁気が障害物になります。太陽風は地磁気にさえぎられて大気にはぶつからないのです。また、太陽風によって地磁気が歪むことで大きな電気が発生してしまうのです。この電気は、北極や南極の一部に集中的に電流を流して解消されます。この電流の正体が、宇宙から降ってくる電子なのです。

ものすごく複雑ですが、要点は簡単に覚えられます。とにかくその発生条件はわかっているということです。太陽風と地磁気と大気の三つ。発電するために太陽風を地磁気で防ぎ、発光するために大気を用意するということです。その三つの要素を整えると、惑星にはオーロラが光ります。地磁気を弱くして直接的に太陽風が大気へぶつかってしまうような条件にしてしまうと、発電も弱まるため、オーロラが光りませんので、ご注意ください。

第二章

『星解』に描かれたオーロラの謎

前章では、文字記録のみを手掛かりに謎解きを進めましたが、本章ではグラフィカルな情報に焦点を当てます。江戸時代の京都に現れた「赤気」を描いたものとして、赤い扇を夜空に広げたような絵図が知られています（口絵①）。しかし、現代的な常識では、オーロラはそのような扇形になることは知られていません。これはオーロラを忠実に描いた絵図なのでしょうか。あるいは本当にオーロラが扇状に広がって見えるのでしょうか。その謎解きの鍵となったのは、とある日記に記されていた言葉「白気一筋銀河を貫き」でした。二五〇年の時を経て、謎のオーロラ絵図は宇宙の立体図として現代によみがえります。

キャリントン・イベント

本章のテーマは「史上最大の磁気嵐」です。人間が、磁力計を用いて地球の磁場を数値として記録し始めてから、約一八〇年が経ちました。つまり、一八四〇年代から磁力計によるデータ記録が始まり数値データがありますので、その中で磁場がもっとも激しく乱れた日を探せば、それが史上最大の磁気嵐ということになります。そのようにして探すと、一八五九年九月二日に史上最大の磁気嵐が見つかります。第一章では、大きな磁気嵐は何度も繰り返すという話をしましたが、このときも大きな磁気嵐が連日発生しており、そのピークにあたるのが、一八五九年九月二日でした。つまりこの記録も『明月記』の赤気や、ハロウィン・イベントと同種の「連続イベント」だと言えます。

この巨大磁気嵐にも名前がついています。イギリスの天文学者にちなみ、「キャリントン・イベント」と呼ばれています。この巨大磁気嵐の起こる前日、一八五九年九月一日に、巨大黒点をスケッチしていたイギリスの天文学者リチャード・キャリントンは、そのスケッチの最中に白く光る現象を発見し、非常に驚いたと言います。これは人間が初めて太陽フレアを目撃した事件としても知られており、この太陽フレアは「キャリントン・フレア」とも呼ばれています（図2−1）。

天文学者キャリントンが、その黒点の中に太陽フレアを目撃してから一七時間後、九月二日には巨大磁気嵐が発生し、世界中でオーロラが目撃され、欧米の電信局が被害を受けました。当時、モールス信号などを使って遠隔で通信をする「電信」が最先端の技術でしたが、電信局が火事になったり、あるいは電源を抜いているのにメッセージを発信し続けたという

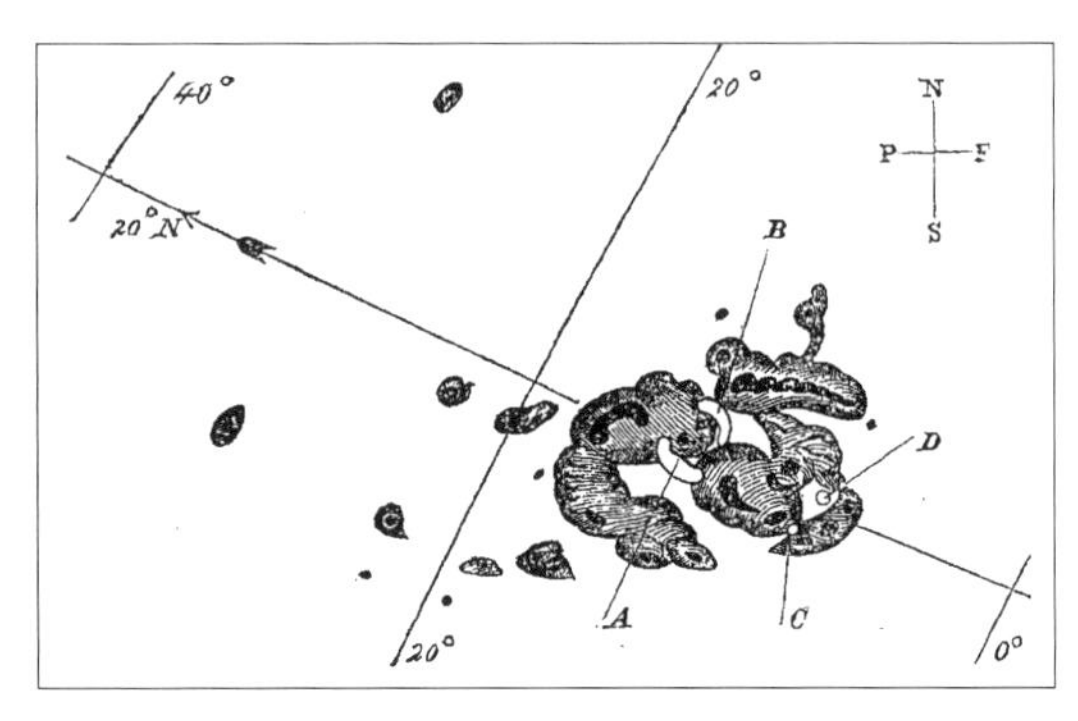

図 2-1　キャリントンがスケッチした太陽黒点と太陽フレア。Carrington（1859）より。

記録も残っています。これは宇宙の誘導電流を使って通信された、初めての例と言えるかもしれません。第一章でも触れたように、磁気嵐の悪影響を受けやすい高度なインフラに満ちている現在、このような巨大磁気嵐が起こってしまうと、主要都市では長時間にわたり電力が供給できなくなるなど、甚大な被害が予想されます。

キャリントン・イベントについて、キャリントン本人の執筆した論文中では、次のようなことわざを引用しています。

One swallow does not make a summer

「一羽のツバメが来ても夏にはならない」という意味ですが、この引用の意図は、太陽フレアが起こってすぐ磁気嵐が発生したのは確かではあるものの、本当に太陽フレアと磁気嵐が関連していると考えるのは早合点かもしれないということです。この時点ではまだ、関連性が知られておらず、太陽の爆発現象があったとしても、地球に磁気嵐を起こすのは、物理的に考えて難しいだろうというのが当時の常識でした。さらに、当時の科学の権威ケルビン卿（現在は温度の単位にもなっています）も、これは偶然の一致だと断言していました。太陽が直接作用して磁気嵐を起こすことは不可能だからである、と非常に明快に説明しています。

当時の天文学者や科学者が、なぜそのように考えたかという理由は、いくつか考えることができそうです。一つは、太陽フレアは発光現象ですから、これは確かに物理的に考えて磁気嵐を起こせないだろう、ということ。それから、第一章でも紹介した、コロナ質量放出という太陽の爆発現象が磁気嵐の原因なのですが、そういったプラズマの爆発現象はもちろん、常に流れ出ていた太陽風すらも、当時はまだ発見されていなかったのです。太陽風やコロナ質量放出が発見されたのは、それほど最近のことなのです（第三章で解説します）。

私は高速カメラでオーロラのスローモーション映像を撮ったりしていつも驚いていますが、誰もやっていないような観測を続けていると、必ず予期せぬ発見があるものです。また、仕事としてオーロラ予報もしています。太陽がこのような状況だから、オーロラはこのようになるだろうという作業ですが、そういう予報は、原理を理解しているはずなのに、なかなか当てるのが難しいものです。しかし研究の楽しさとは、そういうところにもあると思います。いったん予報を出すと、もうだましが効きません。そういう難しさはありますが、やはり当たれば嬉しいものです。さらに、未知の現象を楽しんでいるという実感もあって、当時そのような驚きの現象が起こり、たとえ勘違いや間違いが含まれていたとしても、こんなふうに考えたということを根拠と勇気を持って全力で論文にしたり断言したりしているのは、研究者としてとても共感できるところがあります。まさに研究のダイナミックな醍醐味が現れている事例だと思えるのです。

閃光と爆風

もう少し物理的な側面を深掘りしてみましょう。太陽フレアという発光現象とコロナ質量放出という爆発。この違いについて説明を加えておく必要があります。その違いは現在は常識なのですが、数十年前まではそれほど常識ではなかったことでもあります。

太陽の爆発には大きく二種類あります。ビカッと光る現象と、ボンッと爆発して爆風が生まれる現象です（図2－2）。光と爆風のどちらか一方のみという爆発もあります。太陽フ

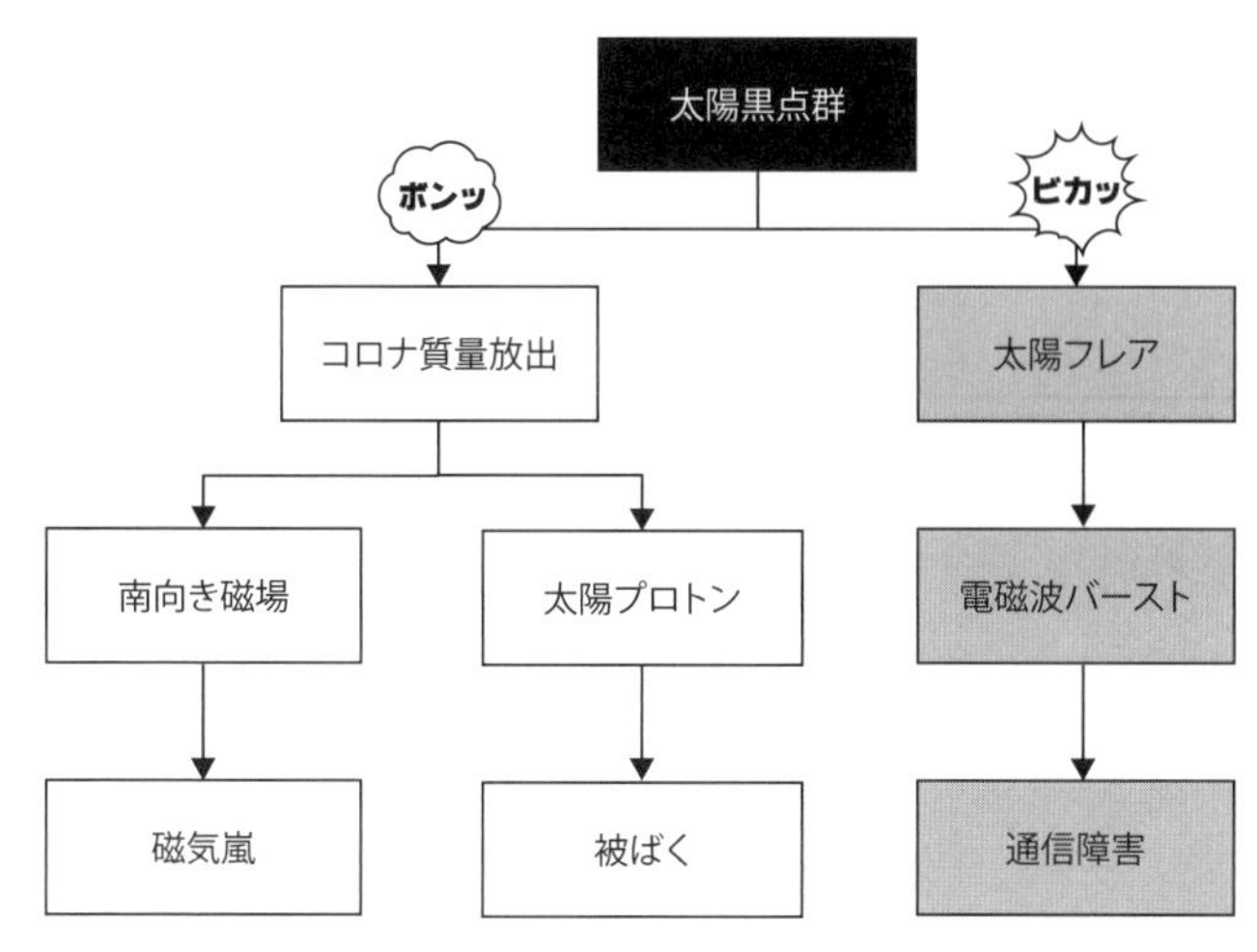

図 2-2　太陽の二種類の爆発とその影響。

レアと呼ばれているのはおもに光です。太陽の一部がピカッと光る現象で、それをキャリントンは肉眼で確認しました。肉眼で確認したと言っても望遠鏡で直接太陽を見たりしていたわけではありません。紙に太陽の映像を映して、その紙の上で黒点をスケッチします。そのように間接的に太陽を観察していたところ、黒点が眩しく光り出す現象を目撃したのです。人間の目で確認できるようなフレアは非常に珍しいもので、極端に大規模なフレアでのみ発生するということが知られています。いまでは「白色光フレア」という特別な名前がついています。

太陽フレアを観測するのに適しているのは、X線や紫外線のように人間の目には見えない光です。人間の目には見えない光を、世界中で協力して観測し続けています。最近では、人工衛星に搭載した望遠鏡で太陽からのX線や紫外線をモニターして、その爆発的な閃光——太陽フレア——を観測しているのです。

太陽フレアは光るだけですから、磁気嵐をつくることはできません。しかしもう一方のコロナ質量放出は爆風ですから、ものが運ばれます。灼熱の風でありプラズマの流れです。これは数十年前に発見されました。どのように発見されたかと言うと、皆既日食の原理を使います。地球上から見ると、月と太陽のサイズはちょうどぴったり同じです。月が太陽を隠せばその太陽の周りの淡い光が、人間の目でも観察できます。これは「コロナ」と呼ばれています。皆既日食でのコロナの観察は数分で終わってしまいますが、宇宙空間に出て、機械的に常に皆既日食を起こし続けることで、二四時間三六五日、太陽コロナの連続写真を撮り続けることが、人工衛星を使って出来るようになりました。

このように、ずっと連続写真を撮っていると、時折コロナの一部が引きちぎられて宇宙空間に飛んでいくという現象を見ることができます。早回しにして観察すると、よくわかります。そのプラズマの爆風が地球に勢いよく直撃すると磁気嵐が起こります。つまり磁気嵐の原因はフレアではなくて、コロナ質量放出なのです。ただし磁気嵐を実際に起こすには、プラズマを直撃させるだけではダメです。もう一つ条件があり、地磁気と逆極性の磁場を作用させなくてはなりません。コロナ質量放出は強い磁気を帯びていますが、その極性が地磁気と逆であれば、非常に強い磁気嵐になります。いっぽうで、地磁気と同じ極性をもっていると磁気嵐になりません。

二〇一七年九月一〇日に、まずいことが起こりました。太陽の側面で、一〇〇年に一度しか起こらないほど超高速のコロナ質量放出が発生したのです。これには、専門家としてとても驚きました。太陽活動は極小期に向かう下り坂という油断していたタイミングで、危うく巨大磁気嵐が起こってしまうところだったからです。そのコロナ質量放出のとき、地球の位置がたまたま直撃を受けない場所だったおかげで、大きな被害が出ずにすみました。ところが火星では、より直撃に近い状況になったことから、非常に面白い現象が発生しました。火星全体が紫外線で発光したのです。また同時に、やはり危険を感じることもありました。火星の表面ではいま、〈キュリオシティ〉という探査機ローバーが探査を続けていますが、この〈キュリオシティ〉が被ばくしました。この二〇一七年九月のイベントは、地球へのインパクトが弱いためハロウィン・イベントやキャリントン・イベントのような愛称がついていません。

このコロナ質量放出が起こったタイミングは、ちょうど宇宙天気予報をテーマにしたラジオ番組の準備中だったため、私はラジオで話す内容を大きく変えました。そのラジオ番組のタイトルも、「太陽フレアと宇宙災害」という実用科学的なものにしました。この二〇一七年九月一〇日の素晴らしいコロナ質量放出の映像ですが、映画「スター・ウォーズ」が好きな方が見ると、デススターを連想するのではないでしょうか（二次元バーコードは動画へのリンク）。爆風がものすごい勢いで吹き出し、その反動が太陽のまわりを包み込み、地球から見た太陽の側面に爆風が飛んで行ったという映像です。この爆風が地球のほうに向いていたら、大変なことになったのではないかと思います。

明和七年の赤気

キャリントン・イベントのときに、世界中でどのようにオーロラが出ていたかということは、専門的な研究が数多くなされています。アメリカではメキシコ湾——緯度でいうと二〇度から三〇度の地域——で、天頂に達する赤いオーロラが確認されています。磁気緯度では低いところで二四度まで、そのようなオーロラが出ていたことになります（図2-3）。その調査をした論文では、「rays to the north」「reach to the zenith」と二つの言葉で表現され

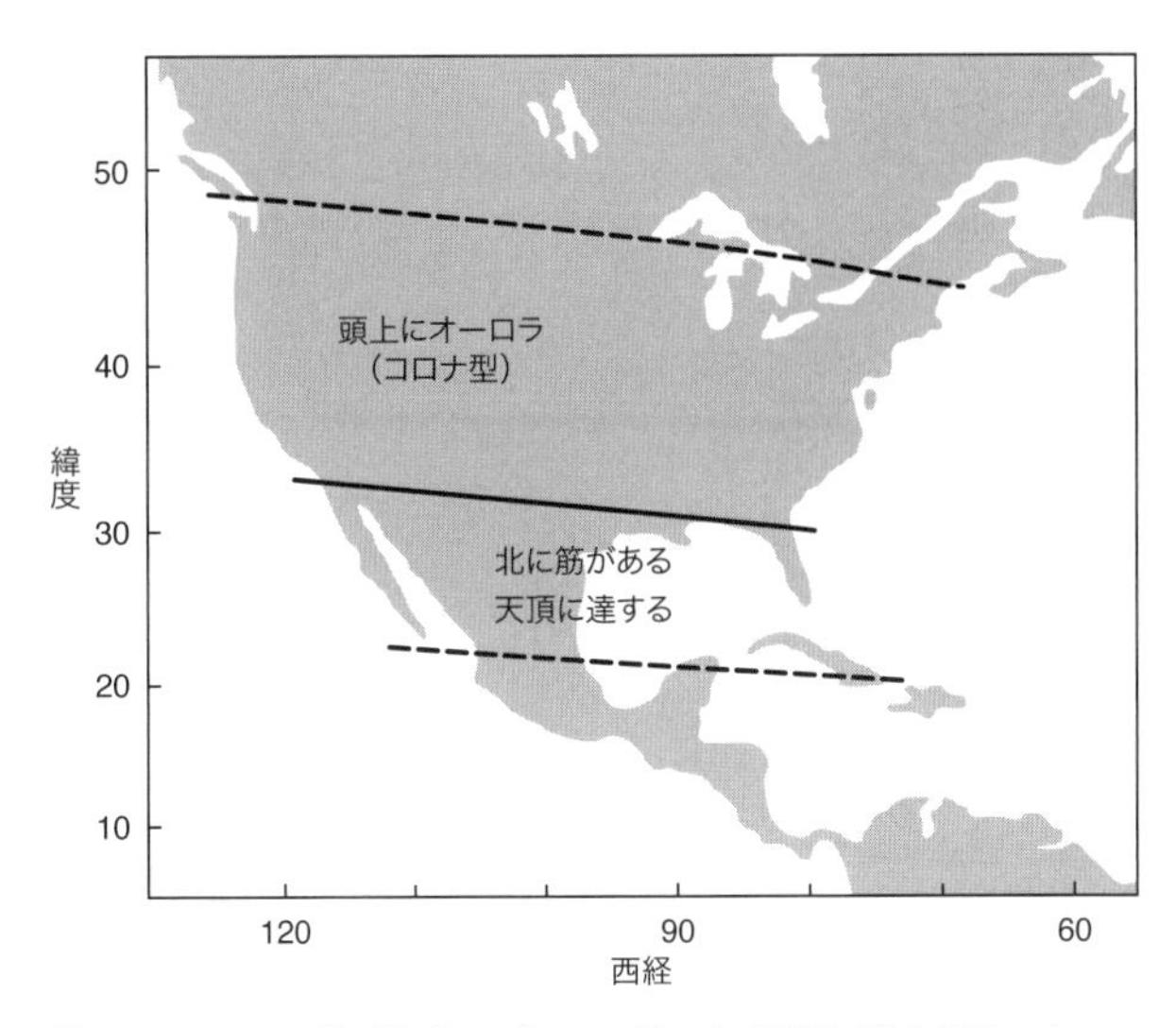

図 2-3　メキシコ湾（緯度 20 度〜30 度）で、天頂に達する赤いオーロラが確認されていた（南限は磁気緯度 24 度）。Kimball（1960）を参考に作成。

ています。「北に筋がある」「天頂に達する」という意味です。史上最大の磁気嵐では、そんなに緯度の低い地域でも立派なオーロラが出現するのです。

　ではこのとき、日本や中国ではどのようなオーロラが出ていたのでしょうか。調べてみると非常に限られた記録しか見つかりません。日本では青森県、秋田県、和歌山県で、中国では河北省でオーロラを見たという記述が残っています。史上最大の磁気嵐ですから、もっと日本各地に猛烈な勢いで記録が見つかるだろうと当初は期待していたのです。ではなぜ記録がこんなに少ないのでしょうか。この答えはすぐにわかりました。磁気嵐のピークは数時間しか続かないのですが、その数時間が夜間でないと、当然オーロラは観察できません。アジア地域は、キャリントン・イベントの磁気嵐のピークを過ぎてから夜になったので、その素晴らしいオーロラを見逃していたのです。史上最大の磁気嵐といえども、オーロラ活動が活発なのは数時間に限られて、その間夜になっている地域でないと見られない。そういう時間的な制限があったわけです。

さてこの章の本題は「明和七年のオーロラ事件」です。旧暦の明和七年七月二八日は、西暦一七七〇年九月一七日です。この日は、日本中でオーロラを見たという目撃例が数多く出てきます。日本の古記録の中ではオーロラの記録の数がもっとも多い、特殊なオーロラ事件です。キャリントン・イベントよりも桁違いに数が多く、カラーの絵図も残っていました。ただ、この絵図自体は分析されたことはありませんでした。しかし、この記録の数が圧倒的に多いことから、もしかするとこの明和七年のオーロラ事件は、史上最大の磁気嵐ではないかという推測もありました。ただし、推測の域を出ていなかったとも言えます。そこで、磁気嵐の状況をよりくわしく知る手がかりとして、この印象的な絵図を調べることにしたのです。

クック船長とオーロラ

明和七年のオーロラ事件のとき、世界ではどのような記録が残っているのでしょうか。一七七〇年九月一六日から一八日、中国では三日連続でオーロラが出現していました。ここで私は『明月記』の赤気の記録も三日連続だったことを思い出しました。また南半球でもオーロラが見えていました。最古の南北半球同時のオーロラ記録です。一七七〇年九月一六日、クック船長の第一回世界航海〈エンデバー〉号。鶏や豚や食料、水をたくさん積んで大冒険をして、オーストラリアを発見してイギリスに戻っているとき、船に乗っていた博物学者のジョセフ・バンクスが、この夜オーロラを目撃して日記を書いています。その日記の原文は、いわゆる筆記体で書いてあります（図2－4）。

まず、「About 10 o'clock」と書かれています。それから「Phenomemon appears in the heaven」とあります。日本人の私が古い英語の筆記体のほうが、日本語のくずし字よりも自力で読めるというのは、なかなか興味深いことです。なおバンクスの日記は英語版ウィキペディアに全文活字が載っています。

さて、このときの〈エンデバー〉号の位置ですが、地理緯度でマイナス一〇度、磁気緯度で二〇度にありました。ほとんど赤道です。非常に低い磁気緯度でオーロラが見えたことが

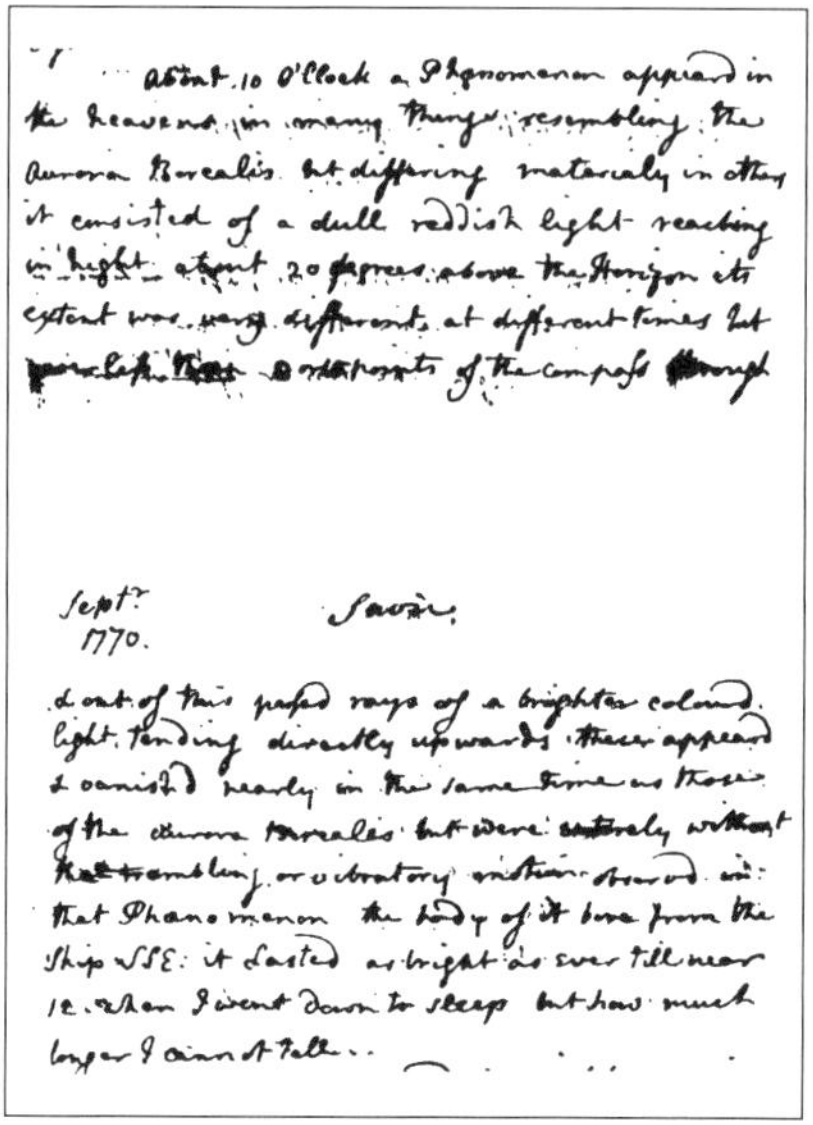

図 2-4　バンクスによるオーロラの記録。Willis, et al.（1996）より。

わかります。さらにバンクスの記述をくわしく見ると、「dull redish（鈍い赤）」、「まっすぐ立ち上がる筋」といった見た目の特徴や、「仰角二〇度まで立ち上った」、「方向南東から南西に広がっていた」といった測定値も書かれています。

オーロラの研究を通じてこういう直筆の記述に接し、探検中にスリリングなオーロラを目撃したときの驚きを肌で感じることで、世界史への興味も芽生えてきました。最近では海外へ出張に行くたびに、クック船長にまつわる本を見つけては買って集めています。

謎のオーロラ絵図

さて、ふたたび日本に目を転じてみましょう。明和七年七月二八日、日本でも後世に名を残す有名人もオーロラを目撃して日記を書いています。本居宣長、四一歳。三重県松阪市でオーロラを目撃しました。二八日の夜に「北方に赤気あり」といった特徴を書いており、「諸国一同のよし後日に聞く」、つまり日本全国で見えたという噂を聞いたとも書かれています。実際どういうところでオーロラが見えたかを調べると、文字どおり日本全国であったことがわかりました。北海道、青森、岩手、山形、宮城、福島、茨城、東京、山梨、静岡、長野、愛知、岐阜、新潟、福井、石川、京都、奈良、大阪、和歌山、三重、兵庫、広島、鳥取、福岡、長崎、宮崎……。あまりの多さに、本当かなと不安になります。

しかし、非常に具体的な記述も多く、本当にオーロラが見えていたことは疑いようがありません。こういうことがいま起こると相当大変な事態になるので、単純には喜べない反面、興奮してしまいますし、本当にとんでもないことが起きていたことは確かなようです。その中でもずば抜けて魅力的な史料が扇形のオーロラ絵図（口絵①）です。よく知られている絵図でしたが、そのくわしい内容にまで踏み込んで研究されたことはありませんでした。これは『星解』という古典籍の最終ページに出てきます（『星解』の全文（後述する「東北大本」）

は「新日本古典籍総合データベース」で閲覧できます（http://kotenseki.nijl.ac.jp/biblio/100270850）。作者は秀胤（しゅういん）という、おそらく京都の僧侶で、この本の趣旨は彗星の解説です。しかし、赤気が現れたことに驚いて、追記しています。つまり、本の趣旨とは必ずしも合っていないにもかかわらず、突如現れたオーロラの絵をカラーで描き残し、そして説明を加えて、その日に完成させたのです。

この年、一七七〇年は日本全国が干ばつで大変な時期でした。そのため『星解』には、オーロラが出たのもそのせいではないかとか、あるいは逆にオーロラが発生してから雨が降るようになったことから、オーロラと雨に何らかの関連性があるのではないかとか、当時ならではの科学的な分析も書かれています。もちろんいまの常識で考えれば関係はないと思いますが、江戸時代の知識人はそんなふうに分析を重ねていたということがわかります。

ここからは、この絵図の謎解きの挑戦へと話を進めます。これは国文学研究資料館の歴史学者、岩橋清美さんとの共同研究です。国文研と極地研は同じ建物にあるため、廊下を一分ぐらい歩けばそれぞれのオフィスを訪ねることができます。私と岩橋さんは、この不思議な絵図はなんだろうかと何度も議論を重ねました。しかし、まったく何もわからないまま一年以上が経ちました。

じつは『星解』には、三点の写本、つまりコピーが存在しています。オリジナルは消失していますが、いろんな人ができるだけ精密に書き残した写本のバージョンがいくつかあるのです。複数のバージョンがある中で、もっともオリジナルに近いものを調べることによって真実に近づけるはずだと、岩橋さんは考えました。

その三点の写本は、「東北大本」「松阪市本」「伊勢神宮所蔵本」の三つです。一番由来の古いのが松阪市本。これがオーロラのスケッチからして非常に精密で、ほかの二点と比べて、オリジナルに近いと考えられます。まずはこのような同定から研究が進んでいきます。ここで、謎の絵図がどのような絵なのかを説明しておきましょう（口絵①）。扇の面に当たる部分が赤く塗られ、扇を開いたような絵が見開きで描かれており、扇の下のほうには山脈があります。扇の骨に当たる部分は白抜きで放射状です。

しかし実際のオーロラは、この絵図に描かれたような扇形にはならない、というのが常識です。これはどう考えたらよいのでしょうか。かなりデフォルメして描かれたものなのでしょうか。私のこれまでの経験からも、扇形のオーロラを見たことがありませんので、なぜこういうふうに描かれたのか、というところから謎解きが始まりました。

『星解』には、絵についての説明が書いてあります。そこでとにかく、その説明をくわしく読んでみることにしました。その説明にはつぎのように書かれています。

七月二八日の夜、北方に山を隔てて左右一面空中赤色なり。見る人まさにこれ大火なり。

おそらく若狭国の大火ではないか。

ここで若狭国とは、京都から北を見て福井県南部から敦賀市を除いた地域のことを指しています。そのほかにもいろいろな特徴が書かれていますが、最後のほうでは「赤色の中に同色の筋あり」とあります。その説明を読んでもう一度絵を見直すと、確かに細い筋が描かれているのです。オーロラは、磁力線に沿った向きに並んだ筋のような模様を見せることがありますが、それを描いたものでしょう。とするとこの絵は、デフォルメされたものではなく、見たままを忠実に描いたものかもしれないと気づきます。さらに続きを読むと、「例えば日没の前に浮雲が空を覆い日を隠し日光が雲間より光を曳し、すなわち光の筋明らかなるごとし」と書かれています。これは、太陽が雲に隠れて太陽光がパッと広がっているような状況、つまり、やはり描かれたとおりの形だったことがわかります。

白気一筋銀河を貫き

しかし残念ながら、なぜ扇形なのかということは、説明を読んでもわかりませんでした。また、この説明だけでは、たとえば東京から見える富士山のように、わずかに地平線から出たような小さな風景を描いたのか、それとも空全体を覆うように見えていたのかといった、どれくらいの大きさで見えていたのかもわかりません。このように、よくわからないことが多いときはいったん保留にしてしばらく寝かせておくのが研究の常套手段です。

いっぽう岩橋さんは歴史学者ですから、一七七〇年九月一七日という日付がわかれば、どこにどんな資料が残されているのかをご存じです。そこである日、京都の伏見稲荷大社の一角にある東丸（あずままろ）神社に行かれて、まだ誰も見たことない日記を発掘されました。その日記には、『星解』とほとんど同じようなことが書かれているのですが、少し違うところがありました。同じ京都で独立に書かれた同じ日の日記の微妙な違い。ここに重大なヒントが隠されていました。ちなみにその日記は東羽倉家の日記で、伏見稲荷大社の御殿預かり職を務めていた、羽倉信郷（はくらのぶさと）が書いたものです。東羽倉家は国学者の荷田春満（かだのあずままろ）を輩出した家で、羽倉信郷自身も漢詩や和歌に秀でた文人でした。

羽倉信郷の日記にはどのようなことが書かれていたのでしょうか。「北の空に赤気が現れた」、「遠く若狭国が炎のような色になっている」、「大干ばつの故である」といった、『星解』と似たような内容です（直筆の日記は、Kataoka and Iwahashi（2017）で見ることができます）。羽倉信郷も干ばつと関係すると書いているあたりからは、やはり知識人として、科学的に分析しようと試みた様子が伺えます。ただ、私がもっとも驚いたのは、「白気一筋銀河を貫き」と書かれたところです。私でも原文を確かに読めました。「白気一筋銀河ヲ貫き」。ここで銀河とは古い言葉で、「天の川」のことです。九月の天の川は空の高いところに出ています。それを白気が貫いたと書いてあるということは、地平線からほとんど真上まで広がっていたということでしょう。瞬時に、『星解』に描かれたのは巨大なオーロラの絵だったのだということがわかりました。「北斗を貫いた」といった表現は、漢詩などにはたくさん出てきます。漢詩に明るかった羽倉信郷だからこそ書き残せた日記であったと言えるでしょう。

このようにして、白気が真上にくるほど非常に大きなオーロラだった、ということがはっきりしました。そこで私はすぐにオフィスに閉じこもって、京都の北の地平線から真上にまで広がって見えるオーロラは実際どんなものだったのか、という計算を行いました。

ここで一つ注意しなければいけないことがあります。オーロラは磁力線に沿って光るものですが（図2－5）、この当時の京都では磁力線が斜め四五度に傾いていました。北極や南

郵便はがき

料金受取人払郵便

京都中央局
承認
1429

差出有効期限
2021年
9月30日
(切手不要)

600-8790

105

京都市下京区仏光寺通柳馬場西入ル

化学同人
「愛読者カード」係 行

お名前　　生年（　　年）

送付先ご住所　〒□□□-□□□□

勤務先または学校名
および所属・専門

E-メールアドレス

ご職業（○で囲んでください）	ご専攻
会社役員 会 社 員（研究職・技術職・事務職・営業職・販売／サービス） 学校教員（大学・高校・高専・中学校・小学校・専門学校） 学　　生（大学院生・大学生・高校生・高専生・専門学校生） そ の 他（　　）	有機化学・物理化学・分析化学 無機化学・高分子化学 工業化学・生物科学・生活科学 栄養学 その他（　　）

▒ 愛読者カード ▒

ご購入有難うございます。本書ならびに小社への忌憚のないご意見・ご希望をお寄せ下さい。

購入書籍

★ 本書の購入の動機は …………………… ※該当箇所に☑をつけてください

□ 店頭で見て（書店名　　　　　　　　　）

□ 広告を見て（紙誌名　　　　　　　　　）

□ 人に薦められて　□ 書評を見て（紙誌名　　　　　　　　　）

□ DMや新刊案内を見て　□ その他（　　　　　　　　　）

★ 月刊『化学』について ……………………

（□ 毎号・□ 時々）購読している　□ 名前は知っている　□ 全然知らない

・メールでの新刊案内を　□ 希望する　□ 希望しない

・図書目録の送付を　□ 希望する　□ 希望しない

本書に関するご意見・ご感想

今後の企画などへのご意見・ご希望

● 個人情報の利用目的

ご登録いただいた個人情報は、次のような目的で利用いたします。

・ご注文いただいた商品やサービス、情報などの提供。

・お客様への事務連絡、新刊案内などの各種案内、弊社及びお客様に有益と思われる企業・団体からの情報提供。

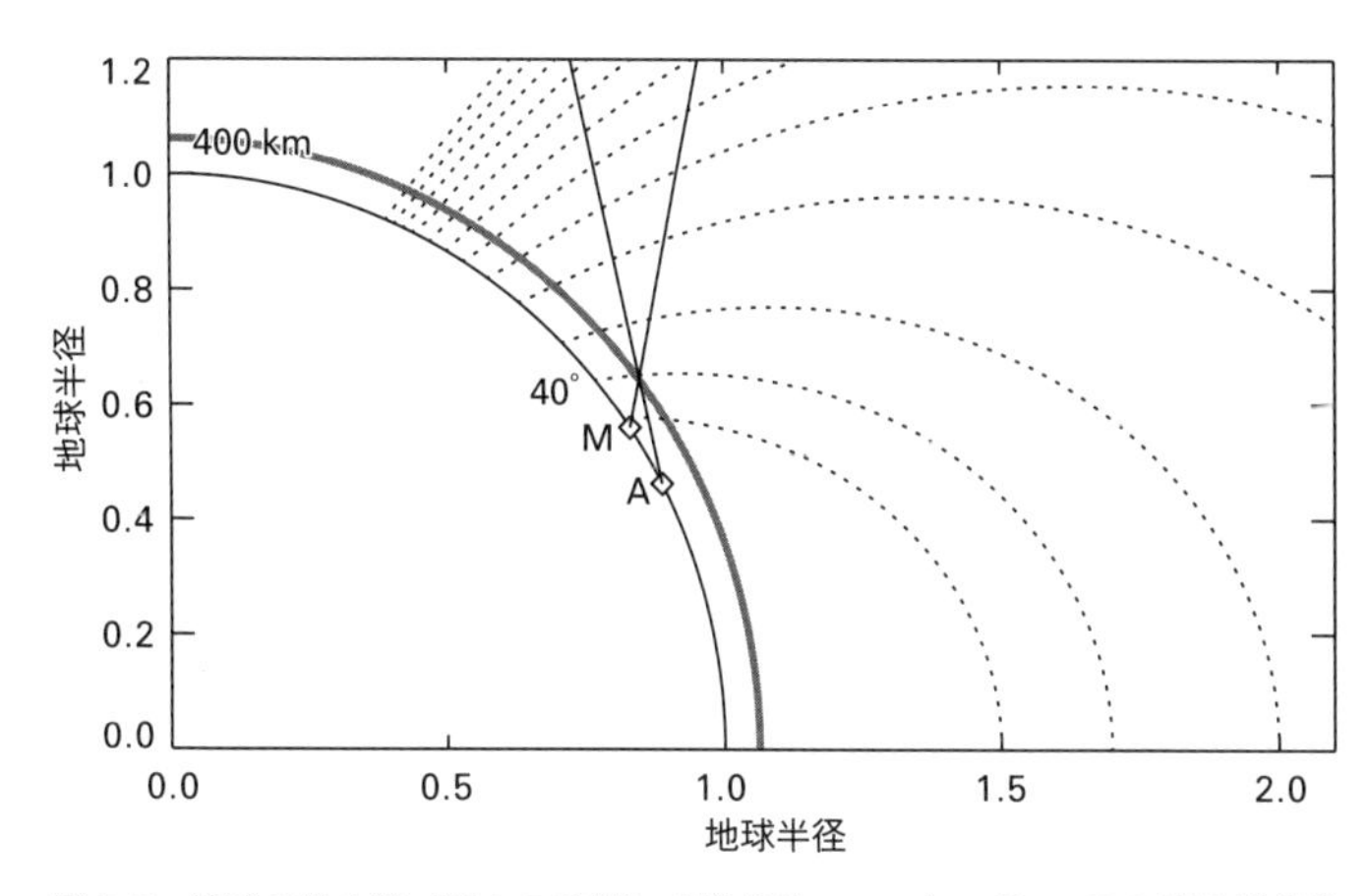

図 2-5　地球の磁力線（図中の破線）の模式図。1958 年 2 月 11 日の状況だが参考に示す。この磁力線に沿ってオーロラの模様が現れるが、緯度によって磁力線の見え方が異なる。Kataoka et al.（2019）より。

極に近い地域では磁力線はほとんど九〇度に立っているので、オーロラの見え方には大きな違いがあるはずです。斜め四五度に覆い被さるようにオーロラが光っている。それを下から見るとどういう形になるのか。この計算をした結果、なんと絵図とそっくりな扇形が画面に出てきたのです（図2－6）。これは予想外の結果で、私は椅子から転げ落ちそうになりました。

わかってみれば簡単なことかもしれません。極域では磁力線がほぼまっすぐに立っているのでオーロラが扇形に見えることは決してありません（口絵⑤）。しかし緯度の低い地域では、磁力線が斜めに傾いているので、斜めに覆いかぶさってくるオーロラが扇形に見え

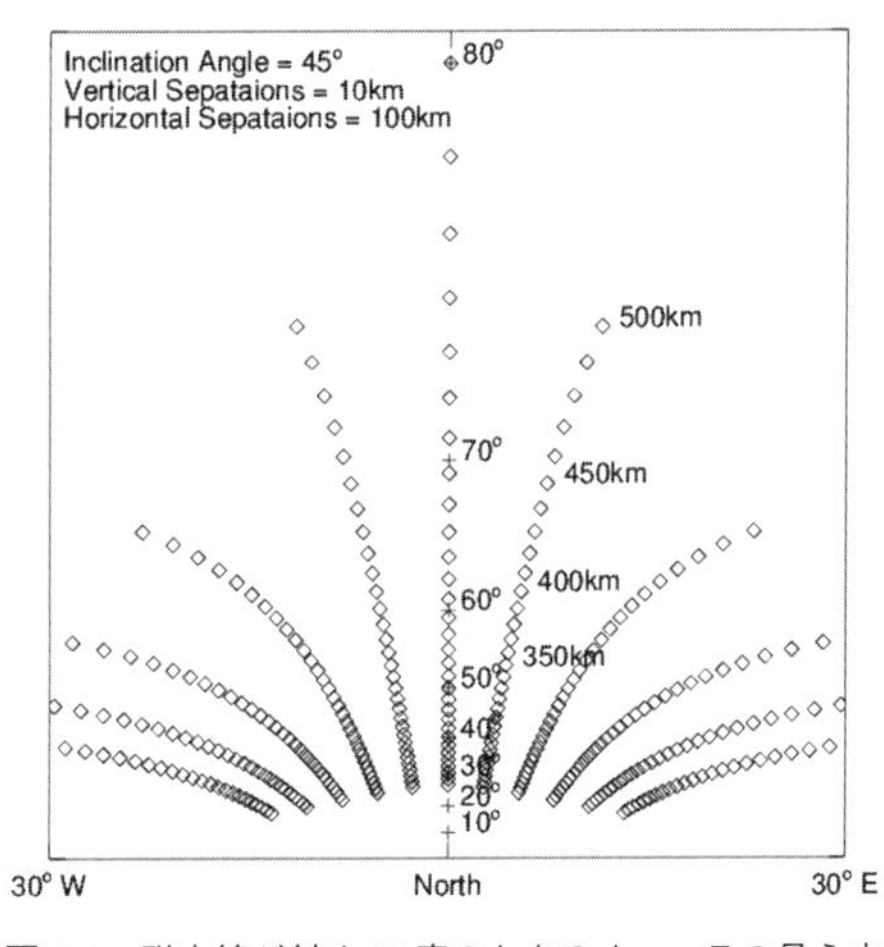

図 2-6　磁力線が斜め 45 度のときのオーロラの見え方

る、というのが答えだったわけです。最近では、こういうオーロラを見たことがある人はほとんどいないため、常識としても知られてなかった、ということではないかと思っています。

史上最大の磁気嵐

このカラクリがわかると扇形のオーロラ絵図が立体図に見えてくるから不思議なものです。こちらに向かってきている非常にスケールの大きな絵図に見えてきます。ここで、本章のテーマである史上最大の磁気嵐に話を戻します。オーロラがどれくらい磁気緯度の低い地域にまで広がるかは、おおよそ磁気嵐の規模に依存しますので、そこから磁気嵐の規模を推定できます。『星解』に描かれたオーロラからわかるのは、キャリントン・イベントとほとんど同じ状況だったということです。磁気緯度の二四度ぐらいまで、扇形のオーロラが見えていたとあって、白気が銀河を貫くと書かれていました。キャリントン・イベントのときは、「rays to the north」「reach to the zenith」と書いてあったことを思い出してください。それと同じことなのです。彼らも扇形のオーロラを見ていたのではないでしょうか。

キャリントン・イベントと状況が違うこともありました。地磁気の強さの違いです。ここ数百年ほど地磁気はどんどん弱くなっており、一〇〇年で五パーセントのペースで弱くなり続けています（図2―7）。つまり『星解』が書かれた一七七〇年は地球の磁場は強く、キャリントン・イベントが発生した一八五九年は一段弱くなって、さらに現在ではもっと弱くなっています。磁気バリアが非常に強かった明和七年に、緯度の低い地域にオーロラを出現させるには、非常に膨大なエネルギーを必要とします。それだけ磁気嵐が大規模だったと考えられるのです。

逆に言えば、もし現在のように地磁気が弱い状況で、明和七年と同規模の磁気嵐が起こったとしたら京都どころではなく、じつはハワイでも天頂付近にオーロラが出現します。オー

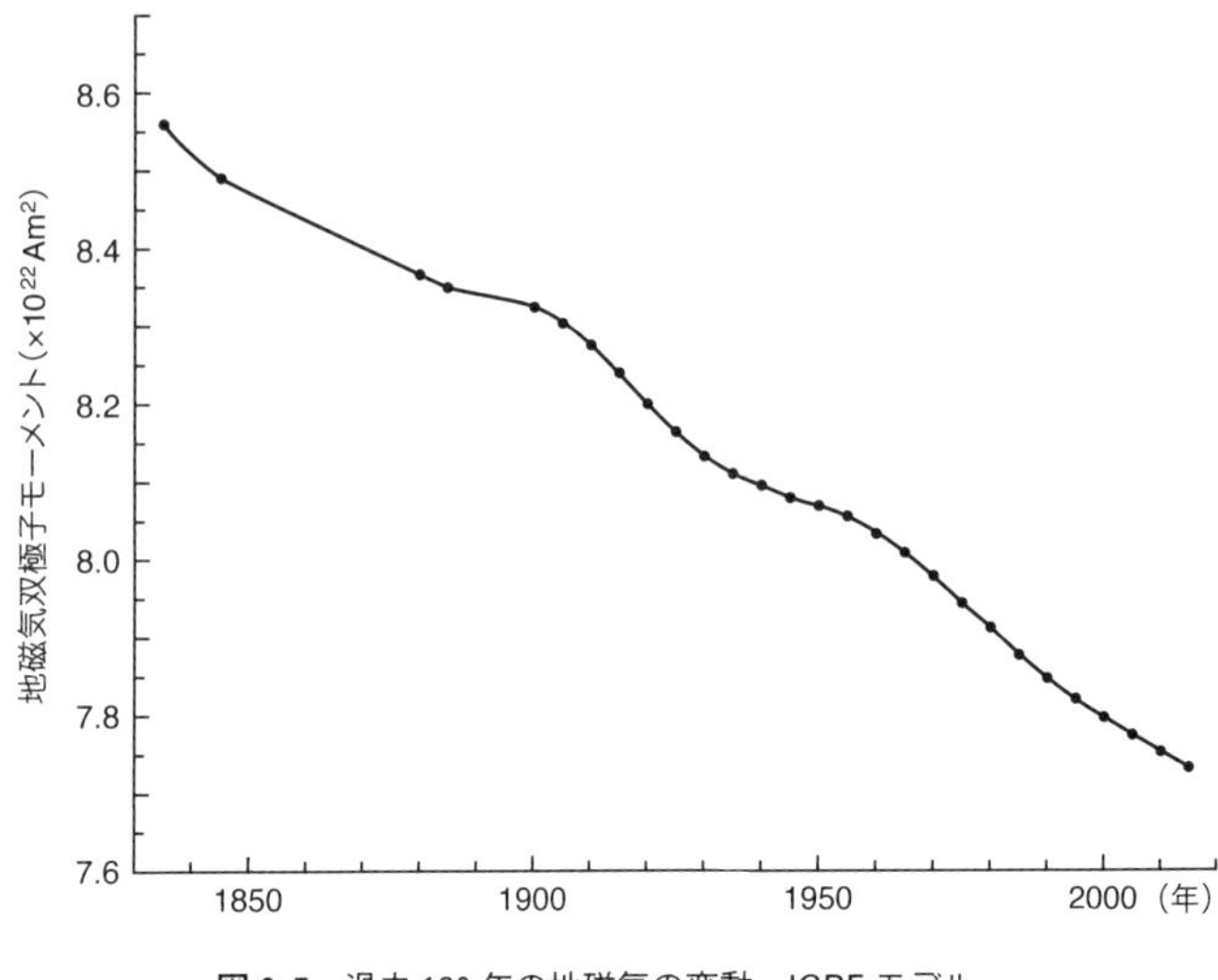

図 2-7　過去 180 年の地磁気の変動。IGRF モデル。

ロラの発生場所という情報から単純に推定すると、明和七年の磁気嵐は、地磁気の強さの補正を加味すれば、史上最大のキャリントン・イベントの磁気嵐と同等かそれ以上だと言えます。つまり、歴史上最大規模の磁気嵐が、絵図に残されていたというわけです。このようにして、「白気一筋銀河を貫き」という言葉を手がかりに、『星解』に描かれた扇形オーロラの謎が解明され、それが史上最大規模の磁気嵐を表していたということが明らかになったのでした。

江戸幕府の天文方の資料は、あまり出てこないいっぽうで、庶民の天文に関する関心は非常に高く、細かな記録が残されています。江戸時代の人びとのそういう習慣があったからこそ、このような発見ができたと言えます。とくに当時の知識人である秀胤や羽倉信郷が残した記録は、現代の科学の分析にも十分耐えうるものでした。これは現在でいうところの「アマチュア天文家」のような人たちの力に通じるものがあります。市民参加科学やオープンサイエンスといった取り組みが注目されていますが、今回の発見は、二五〇年前の市民の貢献が大きかった研究成果だと言えるでしょう。

今回の研究から、物理がわかると絵の見方が変わり、作者の気持ちまでわかってくるということにも気づかされました。たとえば、『星解』のオーロラ絵図はなぜ見開きで描かれたのか。いま考えると、空全体に広がるオーロラだったなら当然、そのスケールを表現するために見開きで描くだろうと思います。そういうさらなる気づきを与えてくれるということもありました。古い資料を用いて現代的な科学研究を進めるということは、古い資料から現代に役立つ知恵を学ぶという恩恵を一歩通行で受け取るだけでなく、昔の絵画資料や、画家の気持ちなどにも新たな視点を与えることにもつながるのではないでしょうか。

扇形のオーロラ絵図は、たとえば東京から見える富士山のように、遠くに小さく見える風景を拡大して描いたものではなく、紙面に収めきれないほど大きな風景絵図であったという

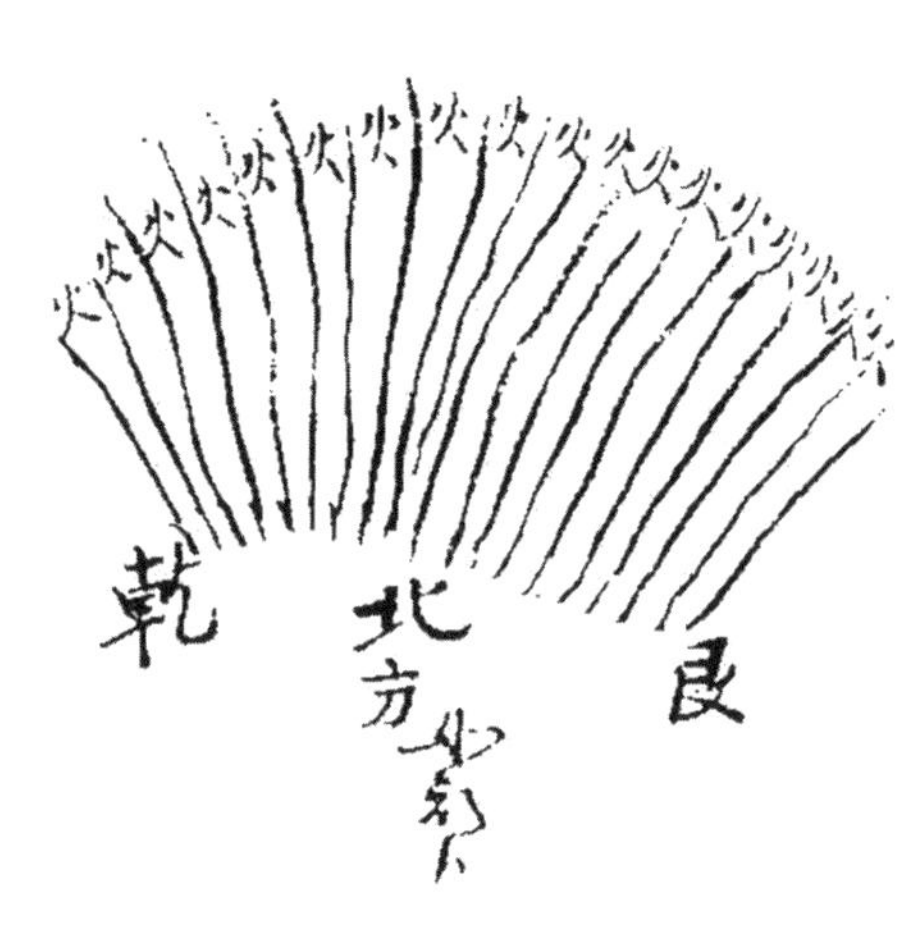

図 2–8 『津田村年寄日記』に描かれた明和 7 年 7 月 28 日の写生図。

ことがこの研究では確認できたわけですが、論文として発表したあとにわかったことがありました。

大阪府枚方市には、津田村年寄役を勤めていた地元庄屋などの日々の見聞録として知られる『津田村年寄日記』が残っています。これには、線画で扇形のような、しましまの模様がスケッチされています（図2－8）。図の扇形の上のほうには火、火、火、火、とたくさん書いてあり、火のようなものが扇形に広がっていたということを表現しているようです。よく見ると「乾（西北のこと）」「北方」「艮（北東のこと）」といった方角まで書いてあります。この方角から察するに、やはり非常に大きな風景であることがわかります。これはつまり、『星解』では空全体に広がる巨大なオーロラが描かれていたということと整合しており、独立の証拠が得られたことを意味しています。

江戸の人びとは赤気にどう反応したか

さて、科学的な話はいったん置いておいて、ここで江戸の歴史が専門の岩橋さんの分析を紹介しましょう。オーロラのような天変が起こって非常に驚いた江戸の人びとは、どのように心の平静を取り戻していったのでしょうか。

まず、江戸時代の人びとはオーロラが火事のように見えて驚いています。しかし、その火の手は自分のほうに近づいてくる気配がいっこうにないにも関わらず、空全体の赤みは増していきました。すると人びとは、ただ事ではないと気づき、その不可解さに恐怖を覚えたようなのです。このような反応はいつの時代も同じのようで、第三章で説明する昭和のオーロラの際も同様でした。江戸の当時は「東大寺の大仏が消失したのではないか」といった流言飛語まで飛び交い、人びとの恐怖を増幅させたということもあったようです。このように、めったに起こらないオーロラという天変が起こり、それに遭遇した人びとの混乱が表現されている絵図がありますので、これも紹介しておきましょう。

尾張藩士、高力種信（こうりきたねのぶ）の随筆に『猿猴庵随観図絵（えんこうあんずいかんずえ）』があります。上半分には赤い筋状のオーロラ、下半分には景色が描いてあります（口絵②、図2－9）。オーロラの筋をよく見ると、扇西に行くほど傾いていって、だんだん背の高さが低くなっていっています。これをいま見ると、扇の半分を描いた絵図なのではないか、というふうに見えます（というか、私にはもうそのようにしか見えない）。この絵の説明には、驚いている様子がくわしく書かれています。

所の生祠にて神楽をあげ、或は念仏をとなへて生たる心地なし、これは世がめつしるか、火の雨でもふりはせぬかと屋根に水をあけるも有、高き所に登りてみれば赤気のうちに物の煮ゆるか音聞ゆ、夜明には東西に分かつ様にて消たり

まさにパニックの様子が伺えます。「音を聞いた」とも書いています。オーロラを見たときに人によっては音が聞こえるという、いわゆる「オーロラの音」の謎は有名で人気があります。非常に高性能なレコーダーでも録音できない現象であることは確かなのですが、その原因解明への決定打は得られていません。もちろん、普段でも聴こえる音を単に誤解してしまったという可能性も否定できま

図 2-9 『猿猴庵随観図絵』に描かれたオーロラの絵の下半分。国立国会図書館デジタルアーカイブより。

せんが、もしかすると非日常に驚いて集中しているときの聴覚に関する新しい知見につながるような重要な現象なのかもしれません。少なくとも、「オーロラの音」は極寒の極域に限ったことではない、ということを、この絵図は教えてくれています。

さて『極地』という雑誌のオーロラ特集に寄せられた岩橋さんの記事を紹介しましょう。人びとの混乱ぶりと諦めが挿絵に書いてあるという内容です。

挿絵の上半分にはオーロラ、下半分にはオーロラに恐れおのののく人々の姿が描かれている。家から出て空を眺める人々の中には、子供を背負っている女性の姿もある。また、火事に備えて近くの川から水を運び、家の屋根に水をかけている者もいる。神仏に祈るものや神楽をあげている姿も見られる。この異常な様子に鳥たちもいっせいに北の空へ飛び立ち、人々の恐怖を象徴しているかのようである。しかし、その一方で、空を見ながらのんびりと煙草をふかす村人や、すべてを仏に任せてしまったのか、何もせずに横たわる僧侶の姿もある。この絵はオーロラそのものだけではなく、不思議な天変現象に右往左往する人々を表現することで、オーロラが当時の人々に与えた強い衝撃を表現しているのである。

このときの天変の原因究明や、人びとがどうやって心の平穏を取り戻していったのかということに関して、『科学』(二〇一七年九月号)では、次のように分析されていますので、これも合わせて紹介しておきましょう。

公家や武士といった知識人層の多くは過去に遡り、自家の日記や書物により同じ現象を拾い出し記録をまとめた。弘前藩などでは、オーロラは不思議な天文現象として後の歴史書に書き継がれていった。これに対し民衆の多くは、書物ではなく村の古老の話や周辺地域の噂話を収集してそれらを日記等に書き留めた。

一部には吉兆（良い兆し）と考えたり、あるいは、うっかり寝てしまって千載一遇の機会逃してしまったと悔やむ者がいたりしたようです。そういう、少し呑気な反応が記録されているのは日本ならではかもしれません。このように、江戸時代の人びとが心の平静を取り戻していった様子が読み取れるのです。

最後に『星解』についてまとめておきます。まず扇形のオーロラ絵図の謎解きの例を紹介しました。私の取り組んでいる物理学と、岩橋さんが取り組んでいる歴史学には、強い共通点がありました。それは事実を知りたいということです。この強い共通点があったからこそ共同研究へとつながったわけです。この共同研究の結果から、『星解』のオーロラ絵図は立体的な巨大な宇宙絵だということを解明し、見開きで大きく書き残したということが納得できたという研究例を紹介しました。

理学的に重要な特筆すべき点は、歴史資料から、史上最大規模の磁気嵐を同定できたということです。これまで、史上最大の磁気嵐とはキャリントン・イベントのことであり、それを超える規模の磁気嵐は知られていませんでした。したがって、磁気嵐に敏感な現代的なインフラを守るために進んでいる応用研究も、キャリントン・イベントでも耐え得るか、ということが設計上のデザインになっています。ところが、『星解』に描かれたオーロラは、キャリントン・イベントと同等か、それ以上の規模の磁気嵐が実際に起こりうることを示しているのです。キャリントン・イベントが発生したのは一八五九年のことですが、それを超える磁気嵐はこれまで起こっておらず、一六〇年の時間が過ぎました。『星解』の磁気嵐は明和七（一七七〇）年ですから、キャリントン・イベントとは一〇〇年の間隔もありませんので、いつ巨大磁気嵐が起こってもおかしくない、ということも表しているのです。

歴史学的には江戸時代の人びとが天変地異をどう受け止めたかということがわかりました。非常に稀な自然現象に遭遇した際に江戸時代の人びとがどのようにして社会の安定を取り戻していったかを知る手がかりが得られました。前章では『明月記』、本章では『星解』の絵図でしたが、ほかにも日記資料などたくさんの資料を組み合わせて、このような研究ができるわけです。このような貴重な日本史資料を現在まで保存し、研究のために開示してくださった方がたには感謝の言葉しかありません。

コラム②

伊達政宗と地磁気

なぜ地磁気は時代とともに変化するのでしょうか。それは、地磁気が地球の内部の電流によってできているからです。その電流をつくっている場所はどこかと言うと、地球のコアです。地球をアボカドに見立ててみましょう。地球には、アボカドの種にあたる部分があり、その種の外側を外核と言います。ここが電気を流す金属の流体になっています。外核が電流を常に発生させており、その余波みたいなものが地磁気として見られるわけです。外核は流体ですから、どんどん流れ、移り変わります。この流れの変化とともに磁石のN極とS極の場所、つまり軸の傾きが変わり、地磁気の強さも変わります。実際どのように変化してきたのかは、さまざまな時代のいろいろな場所で残留磁気のデータを集めて、そのデータと整合するモデルを求めることによってわかります。

軸のぐらつきが大きいときを「エクスカーション」と呼び、北と南が完全に反転してしまうようなときを「地磁気反転」と呼んで、区別しています。四五度くらいまで軸が傾いて戻ったら、それは地磁気反転ではなくてエクスカーションです。いっぽうで、ぐるっと逆にまで回転してしまうのが地磁気反転です。一番最近のエクスカーションが約四万年前で、磁場の強さは半分以下になりました。一番最近の地磁気反転は約七七万年前です。私が子どもの頃に習ったときは、たしか七八万年前とされていたと思いますので、一万年ぐらい修正されています。反転したときには、地磁気の強さがいまの一割以下になりました。これは、ほとんど磁場がなくなっているような状況なので、コラム①に紹介したように、オーロラの光りにくい地球になっていたと考えられます。千葉県市原市の地層は、この地磁気反転を非常によく測定できるため、その時代の節目として地層が世界的に認められ、二〇二〇年からチバニアンという時代区分ができました。

地球の磁場は、日本の歴史を通して変化してきました。方位磁石の北が、時代時代で違う方向を指しているということは、ご存じでしょうか。伊能忠敬が日本地図作製を始めた一八〇〇年頃は、方位磁石の北と、自転軸の北、つまり北極を指す方向がほぼ一致していました。夜は北極星を使い、昼は方位磁石を使えば、昼夜を問わず地図をつくることができます。日本地図がもっともつくりやすい時代が一八〇〇年頃だったのです。

現在はどうかと言うと、日本で方位磁石を使うと七度くらい西にずれます（図1－3参照）。

北海道では、ここ数十年かけて方位磁石のずれが大きくなっており、二〇二〇年現在では一〇度くらい西にずれています。つまり、一〇年や二〇年でも結構じわじわと変わることがわかります。

私は宮城県仙台市の出身です。伊達政宗が開いた杜(もり)の都ですが、その伊達政宗が一六〇〇年頃に建てた建物は、いまもいくつか残っているようです。その建物の壁は、北から東に七度くらいずれて建てられているのだそうです。つまり、いまとは逆に方位磁石がずれているわけです。伊達政宗の愛用品に方位磁石があり、仙台市博物館で実物が確認できるそうです。時代に方位磁石を使って建てられた建物が、その当時の地球の磁気を地上に記録しているわけです。

このように自分と少しでも関わりのあるところから、地球の歴史と日本の歴史を肌で感じることによって、世界の見え方が変化することを楽しみに、帰省のついでにでも伊達政宗の方位磁石を見てみたいと思っています。

第三章

タロ・ジロ・たけしと赤いオーロラの謎

第二章で紹介した扇形のオーロラの絵図。この絵図とそっくりな海外の絵を偶然にも発見したことから、研究は思わぬ方向に展開します。舞台となるのは、昭和基地に残された一五頭の樺太犬たちと別れの日。この晩、巨大な磁気嵐が発生しており、日本と昭和基地との通信は途絶え、日本各地で赤いオーロラが目撃されていました。日本で初めて撮影された、このオーロラの連続写真には、やはり扇形オーロラも記録されていました。現代的なデータを重ねることで、扇形オーロラの正体に迫ります。

巨大オーロラの絵画

国立極地研究所では教員一人一人に個室が割り当てられており、備え付けの本棚があります。ときおりリラックスして、普段手に取らないような本を並べ替えたりすることがあります。私はオーロラの絵画がたくさん掲載された本をもっていたのですが、そのときたまたま手にとった本のページに、江戸時代の絵図とそっくりな扇形のオーロラを見つけたのです。

昨日の嬉しい発見というのは、この「星解」そっくりの絵画。この時刻（1872年3月1日9時25分）仰角75度まで広がる、おおぐま座にまで扇状のオーロラが広がっています。星解の絵は京都の天頂に伸びたオーロラの絵だった、という私の計算がミスってないことが確信できたのです。
publicdomainreview.org/collections/th…

36　112

図3-1　2017年12月14日に投稿したTwitter

このときは、「なんだこれは！」と驚きSNSでつぶやいています（図3－1）。ただしこの絵画には、江戸時代の絵図とは違うところが一つあります。それは、北斗七星やカシオペア座がはっきりと描いてあるという点です。

　大きな星座が小さく描かれていることから、これは空全体を表しているような絵画だとわかります（口絵③）。つまりオーロラも、大きな星座に対してさらに大きい、非常に大きなオーロラだったことが伺えます。第二章で解説したように、江戸時代の絵図は京都の天頂に伸びたオーロラの絵だったと計算したわけですが、それとは独立にこういう絵画が海外の本から出てきたことで、自分の計算ミスではなかったと、ホッとしました。

この絵画のキャプションには、一八七二年三月一日の九時二五分と分単位で時刻が書いてあります（このことには、あとでちょっと触れたいと思います）。この絵を描いたのはフランス人のトルーヴェロ。画家で、天文学者でもありました。このトルーヴェロの画集の説明は英語で書いてあり、それを読むと一八七二年にオーロラを見た、とありました。そのもっとも印象的な瞬間を絵画に残したということだと思います。扇形のオーロラというのは、特殊な形態を見たものだと思っていたのですが、それから約一〇〇年後、フランス人の画家がまったく独立に残した絵画も扇形だったわけです。私はここで一つの疑問を持ちました。

それは、扇形になるオーロラとは、巨大磁気嵐のときには、いつも起こることなのかということです。それが本章のテーマです。

扇形オーロラは普遍的か

『明月記』や江戸時代の本『星解』を使った研究に関して、新聞やテレビなどで取り上げられたこともあり、その反響は非常に大きく、日本各地でオーロラが見られた事件は約六〇年前にもあった、ということを教えてくれる方がたくさんいらっしゃいました。資料をコピーして郵送してくれる方も複数いらっしゃいました。たしかに、昭和三三年にかなりの磁気嵐があったようだということがわかり、私もいよいよ気になりはじめ、くわしく調べてみたいと思うようになったのです。つまりこれは、もともと私が調べようと思ったというよりは、むしろ、六〇年前に青少年だった方々から調べてほしいという声を受けて、私も本格的に気になりだしていった、ということになります。実際少し調べてみると、すぐに夢中になってしまったのですが、どうやら日本で初めてオーロラの写真が撮影されたのが一九五八年二月一一日で、そのときのオーロラ写真のマイクロフィルムが気象庁に残されているらしい、ということがわかりました。

もしかしたら扇形のオーロラが写っているのではないかと考え、さっそくマイクロフィルムを取り寄せて調べることにしました。扇形のオーロラは特殊な形態か否か。もし扇形のオーロラが昭和三三年にも出現していれば、かなり普遍的なものなのかもしれません。また、緯度の低い地域でのオーロラ発生に必要な条件が非常にくわしくわかるかもしれません。そう考えると、俄然研究のモチベーションも上がります。

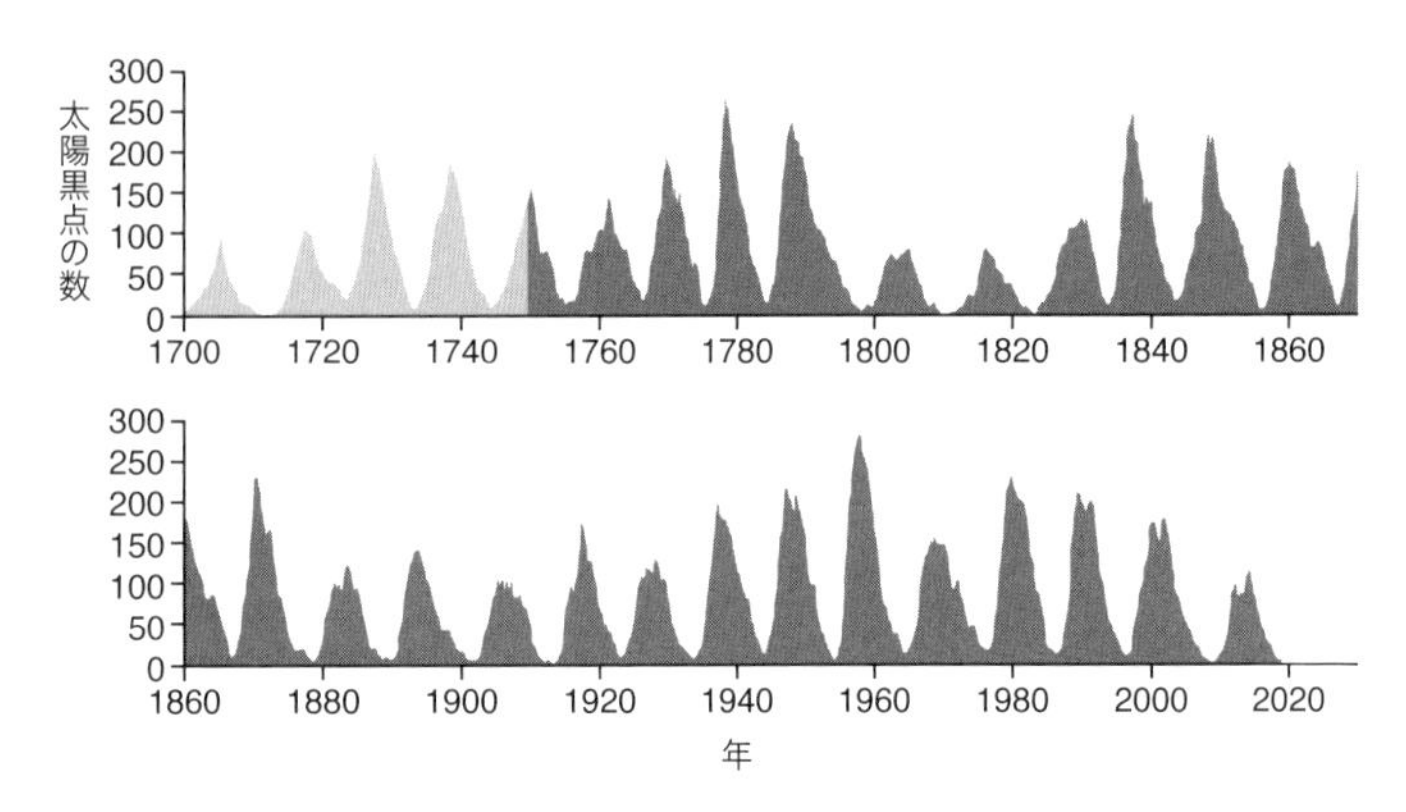

図 3-2 太陽活動の周期（1700〜2020 年）。Royal Observatory of Belgium SILSO graphics（http://sidc.be/silso）より作成。

そこでまずは、一九五八年頃、約六〇年前がどういう状況だったか、ということからくわしくお伝えしていくことにしましょう。

国際地球観測年

一九五八年は、「国際地球観測年」という、国際的に宇宙環境や地球環境がくわしく調べられた、特別な年でした。これは、知れば知るほど壮大な試みでした。当時の世界は冷戦の時代でしたが、その中でも世界中が協力して、科学研究をしようとしていたのです。そのモチベーションとなる理由もちゃんとあり、それは、なんと宇宙環境を知ることだったのです。一九五八年は、太陽活動が非常に活発な時期に入ると推定された年でした。太陽黒点の数は、約四〇〇年間ずっと数え続けられていますが、その太陽黒点の数を縦軸に、年を横軸に取ると、太陽の黒点が増えては減り、増えては減りという何百年という変化が見て取れます（図3－2）。一番目立つのは、いわゆる一一年周期というもので、一〇〇年で九回くらい増えては減り、増えては減りを繰り返す変動パターンです。一一年周期のピークは、太陽活動の極大期と言われます。また、四〇〇年も記録があると、もう少し長い時間スケールの変化も見て取れます。一〇〇年くらいで増えたり減ったりしていく大きなうねりもある。そういう長い変化で見ても、短い変化で見ても、つまり一〇〇年スケールでも、一一年スケールでも、最大の時期はいつだったかというと、一九五八年なのです。

この年に世界中が協力して、太陽やオーロラを頑張って観測しようというのは、二度と来ない好機を見事に捉えた素晴らしい試みだったことはわかります。じつにさまざまなデータが取られたわけですが、ちょうどそのとき冷戦状態にあったソビエト連邦とアメリカは、人工衛星を打ち上げています。世界初の人工衛星〈スプートニク〉が、ソ連から一九五七年の秋に打ち上げられ、一九五八年の一月にはアメリカが対抗して〈エクスプローラー1号〉という人工衛星を打ち上げました。この〈エクスプローラー1号〉によって「放射線帯」が発見されています。人工衛星を打ち上げてみたら、大量の放射線が観測された。宇宙は放射線に満ちていた。ほかにも科学発見がいくつもありましたが、もっとも大きな発見の一つがこの放射線帯の発見と言われています。

ここで放射線帯に関して少しくわしく説明しておきましょう。発見したのはヴァン・アレンという研究者で、放射線帯のことは、いまでは「ヴァン・アレン帯」とも呼ばれています。オーロラの発生原理と少し関係しているところがありますが、基本的には異なる現象と思ってください。オーロラは太陽風を受け止めた地磁気が発電して発生する現象ですが、その太陽風を受け止めるのが良いことかというと、必ずしもそうではありません。磁気シールドの中に放射線を溜め込むという機能も同時に備わっており、大量の放射線が地磁気の中にドーナツ状に溜まってしまいます（図3‐12参照）。これが放射線帯です。

国際地球観測年には、画期的な観測の始まりがいくつもありました。まず北極海の氷です。いまはもう海氷がなくなりそうな状況になっていますが、非常に分厚い氷があった時代。その北極海の分厚い海氷の下を潜った原子力潜水艦がありました。〈ノーチラス〉号という潜水艦です。氷の下に潜って北極点で頭上の海氷の厚さを測定する。そういうことを初めて試みた年でもあるのです。ほかには、最近の地球環境問題で話題になる大気中の二酸化炭素濃度の測定。ハワイのマウナロアで始めたもので、これも一九五八年です。海氷の消失や地球温暖化に関する基礎データが、きちんと取られ始めた年だったのです。日本はどうだったかというと、南極観測を行うことにしました（図3-3）。南極へは船で行きます。大量の物質を運ぶためです。いまは〈しらせ〉という船を使っていますが、当時は〈宗谷〉という船でした。

樺太犬との別れ

日本の南極観測が始まった当時のことを、すこしくわしく紹介していきましょう。じつはこの南極観測が本章の主題のオーロラと関係してきます。寒さに強い犬たちの引く犬ぞりは、当時の重要な移動手段でしたが、南極に置き去りにされた一五頭の樺太犬の話は、日本ではよく知られていると思います。一九五八年の二月、第一次越冬隊が小型飛行機で〈宗谷〉に撤退、このときに犬たちを連れて来られず、結果として、置き去りにしてしまった、という話です。

ここで気になるのが二月ということです。普段から極地研にいるとわかるのですが、だいたい昭和基地に接岸する

図3-3　国際地球観測年記念切手。

のはお正月です。お正月の挨拶は「接岸しました、今年も大丈夫だよ」というものです。何年か接岸できない年もあり、そんな年は、お正月を過ぎるとみな心配になるということもありました。さて、第二次越冬隊が越冬交代を断念したのは二月です。これはぶ厚い氷に阻まれ、悪天候にも見舞われる中で相当ぎりぎりまで粘っていたということが、日付からもわかります。

そして、一九五八年二月一一日は特別な日になりました。

第一次越冬隊は緊急命令を受け、小型飛行機で〈宗谷〉に戻ってきましたが、第二次越冬隊でも必要とされる樺太犬を基地につないだまま残しています。いっぽう第二次越冬隊は、昭和基地での越冬を断念するか決行するかの最終決断を迫られています。ところがこのとき、タイミングの悪いことに、非常に大きな磁気嵐が発生し、日本との遠隔通信が途絶えてしまいました。本部との連絡が取れないなかで、最終決断の時は迫っています。そしてこの晩、日本では、関東より北の各地でオーロラが見られ、オーロラの写真が翌日の新聞紙面を飾っていました。この新聞の記事についてはあとでくわしく紹介します。

それから数日が経ち、天候が回復する兆しは見られず、第二次越冬隊は昭和基地での越冬を断念しました。その結果、一五頭の樺太犬は鎖につながれたまま、昭和基地に取り残されたのです。もし磁気嵐が起こっていなければ、少しでも迅速な決断につながります。だからといって犬たちの救援も可能になったかどうかわかりませんが、あまりにタイミングの悪い磁気嵐だったのです。

翌年の一九五九年一月、第三次越冬隊が昭和基地に到着しました。前年に取り残された樺太犬たちの生存は絶望的と思われていたのですが、なんと生き残った犬がいたのです。一五頭のうち、タロとジロと名づけた兄弟犬が生きているのが発見され、隊員との再会を果たしました。

その当時現場にいた研究者は、いまでもときどき極地研にいらっしゃいます。二〇一九年五月三〇日には、吉田英夫（よしお）先生の講義があるとの連絡メールが流れてきましたので、私も慌てて受講しました。きっとタロ・ジロの話が聞けるに違いない、と期待したわけです。

吉田先生は第二次越冬隊から地学を担当する隊員で、犬の世話係を務めておられました。九〇分立ちっぱなしで講義されていましたが、当時三〇歳くらいという話をされましたので、現在では九〇歳くらい。それでも九〇分立ちっぱなしで楽々と講演されている姿からも、肉体的あるいは精神的な強靱さを感じました。講義の中では、氷に閉じ込められた話をされ、海氷がどれくらいのスピードで流れるかを測定したグラフが印刷されたプリントを配布されました。このときの講義は「探検と科学の時代」というタイトルで、貴重な話をいろいろと聞くことができましたが、印象に残っているのは、「探検ドリブンの科学が、いかに発見に満ちているか」という話で一貫していたことです。いまで言うなら、宇宙の研究と同じような感じなのかなと考えています。最近の極域科学はどちらかというと、ある難問や謎を解明するための「サイエンス・ドリブンの科学」全盛の時代と言えるでしょう。

犬の話に戻ります。第三次越冬隊が南極から連れ帰ってきたのは八頭の子犬と母犬、それから猫のたけし。子犬は何頭か第四次越冬隊でふたたび南極に連れて行ったそうです。そのときは、タロもジロも引く犬ぞりで、氷河などを探査されたとのこと。ジロは第四次越冬隊の越冬中に病気で死亡。犬ぞりを実用的に使っていた最後の年でした。

そもそも、タロやジロはなぜ生き残ることができたのでしょうか。『その犬の名を誰も知らない』という本では、子犬で昭和基地へ連れて行かれたタロとジロだけで生き残れたとは考えにくく、犬ぞりの優れたリーダーであった老犬リキが、あらゆる知恵を絞って、寿命尽きるまで二頭を支えていたようだ、ということが書かれています。

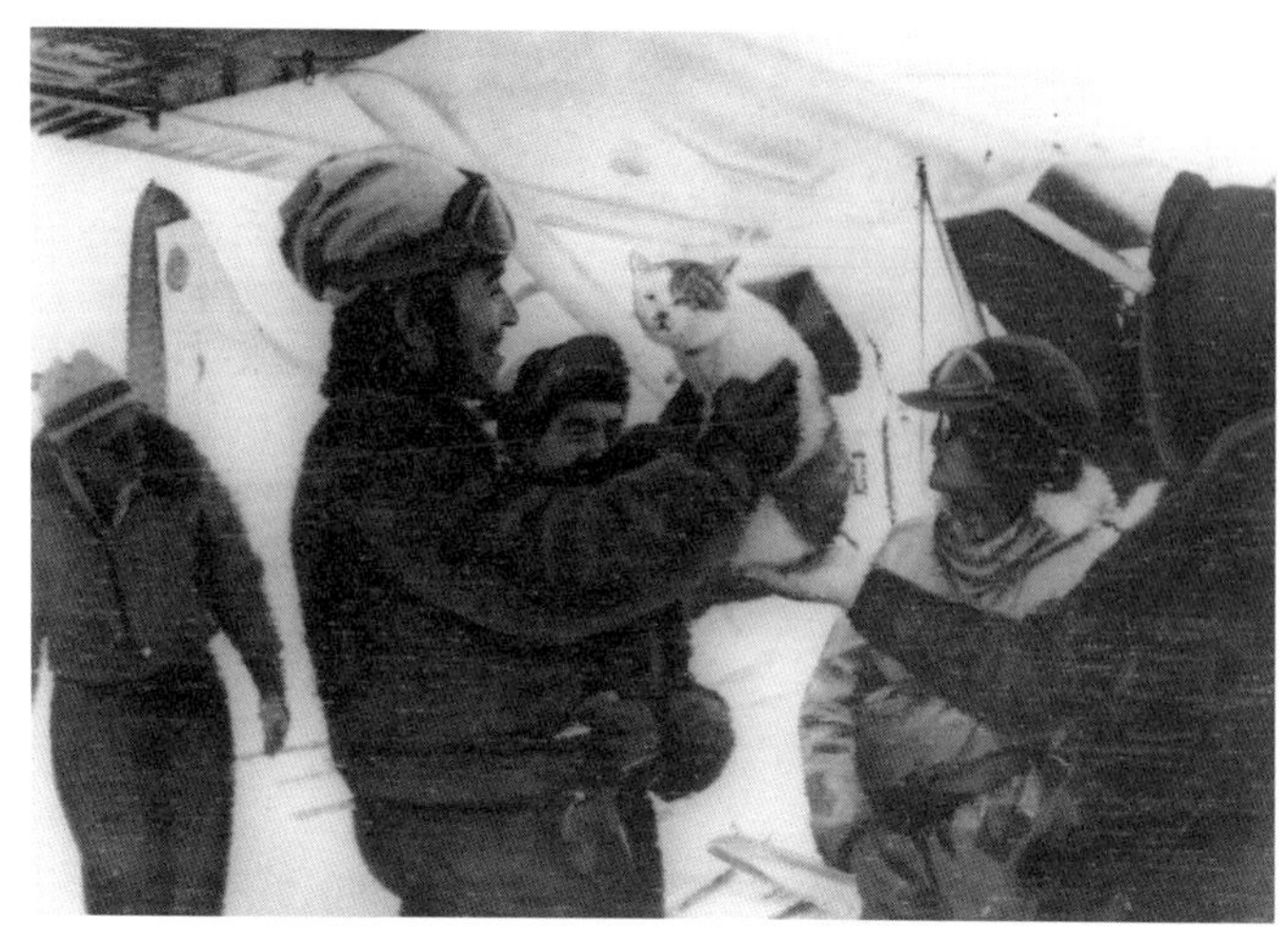

図 3-4　作間さんと三毛猫のたけし。提供：国立極地研究所

三毛猫たけし

オーロラの話に戻していきましょう。第一次越冬隊の通信にはモールス信号を使っていました。オーロラの光っている宇宙空間で電波が反射することで遠隔地と通信ができるのですが、それが磁気嵐の影響でできなくなった。これによって一番困っていた隊員が、通信係の作間敏夫さんだと思います。ここで、三毛猫のたけしのことを紹介しましょう。いまは南極大陸には猫を連れて行くことはできません。しかし当時はまだギリギリ大丈夫だったようで、珍しいオスの三毛猫は、冒険や激しい航海に縁起が良いということで、たけしが連れて行かれました。タロもジロも子犬、たけしも子猫です。昭和基地で樺太犬たちと一緒に厳しい冬を過ごした三毛猫のたけしは、作間さんの胸に抱かれて無事に連れ戻されました（図3－4）。一番の仲良しだったようです。

日本に帰ってきてから飼い主になったのも作間さんでした。残念なことに、たけしは帰国後一週間ほどで行方不明になってしまったそうです。作間さんの言葉に「たけしの魂は昭和基地に行ってるはずですから僕も命が終えるときはたけしに会えますよ。そうしたら、ずっと探して待っていたんだよって言ってやりますよ」というものがあります。

作間さんは二〇一八年一二月二〇日に亡くなられました。九二歳でした。タロとジロは有名ですが、たけしのことを知っている方は、日本にどれくらいいらっしゃるでしょうか。『こねこのタケシ』という、実話をもとにした絵本があります。前述の作間さんの言葉も、この絵本からの引用です。その巻末に掲載された作間さんのメッセージからは、たけしと作間さんの関係がよくわかりますし、第一次越冬隊を取り巻く、緊迫した状況が見て取れます。

たけしはほとんど毎夜、私の寝袋の入り口から中に潜り込んできて、私の腹の上で寝ていた。私のお腹は、いつもたけしの重みを感じていた。

一番の問題は犬ぞり用カラフト犬一五頭の引継ぎだった。犬たちとまったく面識のな

> い第二次隊のため、一頭一頭に大きな名札をつけ、はなれないよういっそう厳重に鎖をしめなおした。もちろんエサをかたわらにおいた。その最中、宗谷の永田隊長から「第一次越冬隊は大至急宗谷へ帰投せよ、そのためセスナ機を派遣する」との緊急命令が伝えられた。セスナ機は小型なので三名ぐらいしか運べず、重量制限の中、大事な観測データ類と最小限の私物しか乗せることができなかった。
>
> 私は異常を感じてそばを離れなかったたけしを抱き上げ、西堀隊長とセスナ機に乗り込み宗谷に近い氷上に着氷した。

この日なのです。この日が本章の舞台となる、タロとジロと三毛猫たけしの別れの日。一九五八年二月一一日。日本が赤いオーロラに染まった日です。この翌日の朝日新聞を見ると、「秋田市上空のオーロラ」として、非常に大きな写真が出ています。白黒のコピーだと、どういうオーロラなのかまではよくわかりませんが、下のほうには街の灯りがあり、空にはオーロラが広がっていることがわかります（図3－5）。

その写真の下には大見出しで、「オーロラ映える　昨夜7時—9時ごろ　関東以北の各地で」とあります。小見出しでは、「宗谷との通信も途絶す」と、通信できずに気をもんでいる

宗谷との通信も途絶す

秋田市上空のオーロラ

オーロラ映える

昨夜7時―9時ごろ

関東以北の各地で

図 3-5　1958 年 2 月 12 日付けの朝日新聞。

様子が伺えます。その日の朝日新聞の夕刊ではさらに焦りが募っていることがわかります。右半分には「宗谷の見通し質す　衆院文教委員会」。そこで河野委員とか稲田委員とか、会話調でいろいろなことが書かれています。大見出しでは「越冬隊収容第一に　犬の輸送は困難」となり、左半分ではまたちょっと違う感じになって、大見出しで「宗谷まだ連絡取れず」「〃磁気アラシ〃今夕から弱まる?」と書かれています。一〇日夜から大きな磁気嵐が起こったため、〈宗谷〉と南極統合本部との連絡が途絶え、一二日正午になってもまだ交信できない。西堀越冬隊の収容、観測越冬の最後の断、という山場を控えて関係者は気をもんでいる、という内容の新聞記事です。

日本初のオーロラデータ

さて、いよいよここからオーロラの研究の話です。国際地球観測年ということもあって、日本全国の気象庁の観測所では、あらゆる手を尽くしてこのときのオーロラを観測していました。観測所でもっとも多く行われていたのが手描きのスケッチです。オーロラに何か縞や線が入っているような模様があるかどうかや、ほかには色に関する情報など、できるだけくわしくマメに記録されています。このような記録が全国で行われました。かなりの資料が残っているのですが、それを表にまとめた論文があ

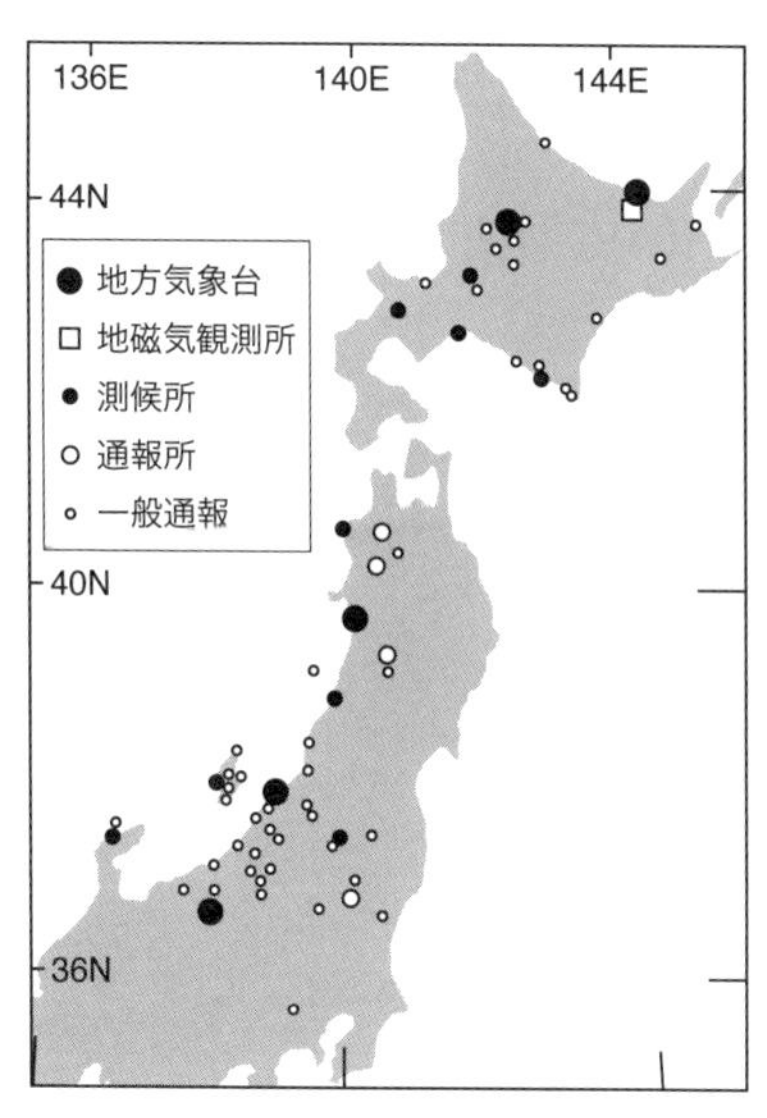

図 3-6　1958 年 2 月 11 日にオーロラが目視された地点の分布図。二宮（2013）より作成。

ります。タイトルは「気象観測史的に見た気象官署における1958年2月11日のオーロラー観測」で、気象学会の雑誌「天気」に、二宮洸三さんが二〇一三年に発表されました。図3-6は、この論文に掲載されている図で、オーロラが目視された場所が示されています。北海道全域から日本海側にかけて、その目撃例や観測例が多いことがわかります。オーロラが見られたところは当日晴れており、目視観測記録がたくさんあるものの、「オーロラの物理的理解にどのように貢献したかの公的報告も確認できなかった」と書いてありました。二〇一三年に二宮さんが調べた限りでは、どうも研究に使われていないのではないか、元のデータ管理や連絡体制、あるいは公表体制などに、何か問題があったのではないかと分析されています。

そこで、観測所のスケッチも見たいし、初めて日本で撮られた写真も見たいしと、まずは入手できる記録を手あたり次第、見ていくことにしました。二宮さんの論文によると、縞や線といった模様が見えたと記録されている気象台があるらしいことがわかります。そしてそのような、特徴的な構造が見られたのは、特定の場所であることもわかります。網走、岩見沢、女満別（めまんべつ）などはすべて北海道です。また不思議なことに、新潟県の相川測候所というところでは光の柱が見えたと記録されています。北海道では、筋状あるいは柱状のオーロラが出たことが確認されています。これはひょっとすると扇形のオーロラと同じかもしれません。そこでデータをくわしく調べることにしました。

これらのスケッチは、普段私たちが外に出て眺める風景とはまったく異なる形式で描かれています。後ろも前も、右も、上も、すべてを映しているという、いわば半球の鏡に空全部を映して、その球面の写真を撮る、あるいは、そのスケッチをするというように、空全体が歪んだ状態で描かれていたのです。そのような、まんまるのスケッチ、いわゆる魚眼レンズの写真のような図がたくさんあるのです（図3－7上）。

私はこのフォーマットに馴染みがありました。いまは多くのプラネタリウムがデジタル化されており、プラネタリウムのソフトに投げ入れる画像ファイルというのは、だいたいこういう形式でつくります。魚眼レンズで空全体が写った、正方形と円が接しているようなフォーマットで空全体を記録し（口絵⑤左下）、それをプラネタリウム上映ソフトに入れると実際の見た目と同じように観察できるのです。私はこれまでにプラネタリウムを利用したオーロラの講演会などを繰り返し行っていたため、手持ちのPCにそういったソフトがインストールされていました。そこで、ぱっぱっぱっぱっとそのソフトに入れて観察してみることにしました。

● 元の画像とスケッチ

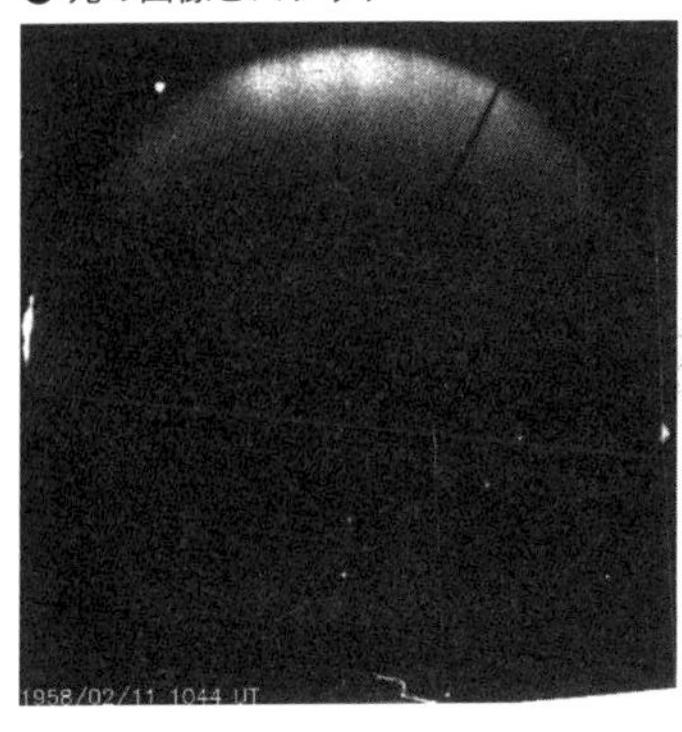

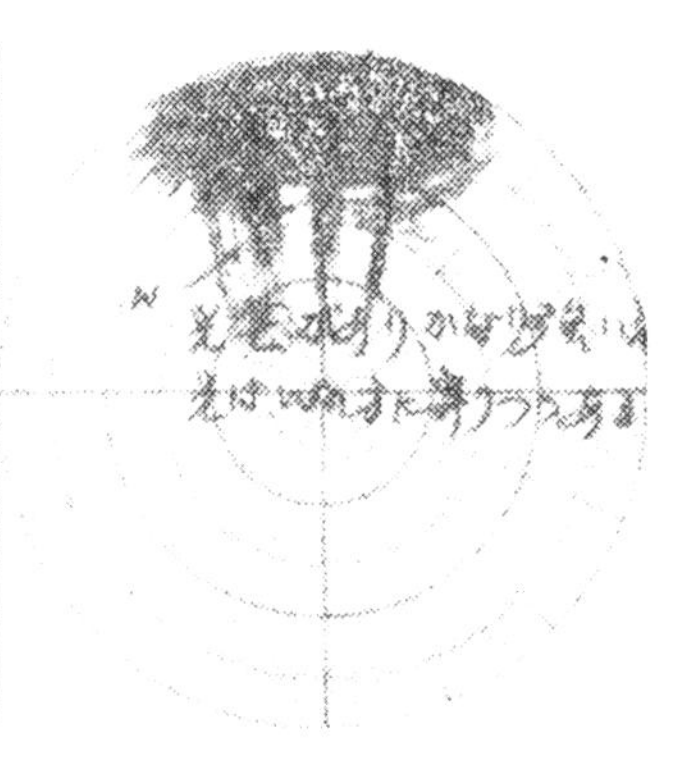

● 座標変換後の画像とスケッチ

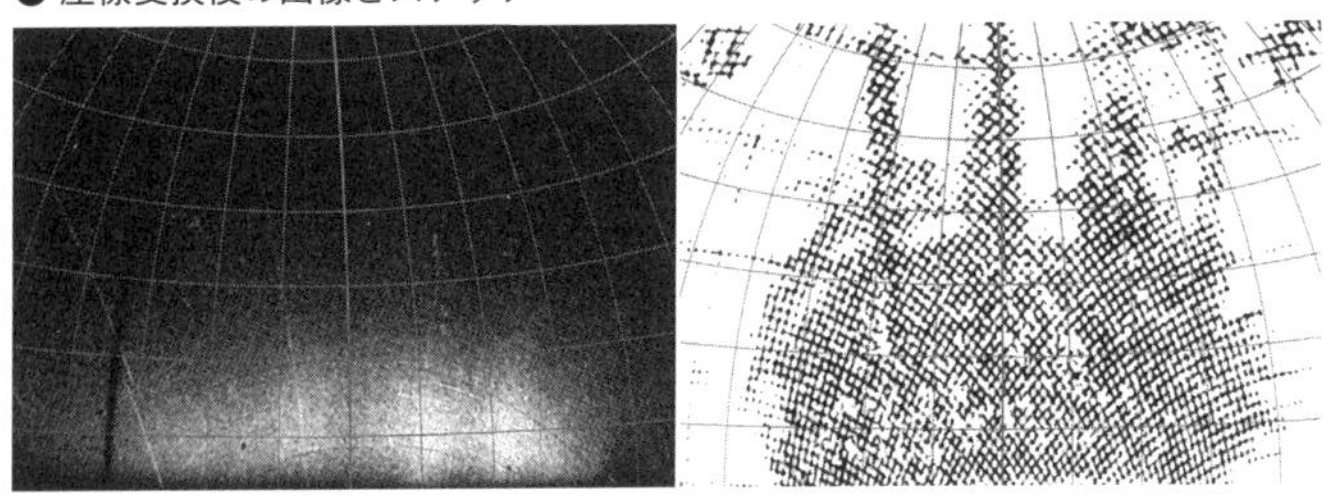

図 3-7 1958 年に記録されたオーロラの写真とスケッチ。上：元の全天イメージ（左）と女満別の気象庁職員によるスケッチ（右）。下：実際の見た目と同じになるように元の画像とスケッチを座標変換した結果。Kataoka et al.（2019）

すると、画面に出てきたのが、やはり扇形のオーロラだったのです（図3－7下）。丸いゆがんだ魚眼フォーマットでは、直線がいくつか等間隔に引かれているだけなのですが、これが実際の見た目では空に広がる扇形なのです。このような、デジタル化されたプラネタリウムが流行していたおかげで、座標変換のプログラムを自分で作成するような手間を省略し、私でもすぐ確認できたのはラッキーでした。このような確認に時間がかかっていると、もたもたしている間に、また別の研究テーマが飛び込んできたりして、興味本位の研究を続けられなくなることも、よくあるパターンなのです。このような幸運も、研究にはすごく大事なことだと思います。

この扇形のオーロラが出ていたのは女満別です。写真もスケッチも残っており、オーロラの色まで観測されていました。見た目で色を観測するという方法ではなく、分光観測によって非常にくわしく色が調べられていたのです。分光観測というのは、文字どおり光を分けて観測する方法です。たとえば虹は太陽の真っ白な光が、水滴一粒一粒に屈折反射して色が分かれている、つまり分光されて見えています。このように虹と同じことを人工的に精密に行うのが分光観測です。分光観測によって、扇形オーロラで出ていた光はおもに二種類、赤と緑だったことがわかりました。

これはどういうことでしょうか。扇の面に対応しているのが赤色。古くから「赤気」と呼ばれている赤色です。いっぽうの緑色は、扇の骨に対応しており、これは古くから言われている「白気」だと考えられます。緑なのになぜ白と表したかということは、意外と簡単にわかります。カラーで撮影した写真の色がたとえ緑であっても、弱い光であれば人間の目には、白っぽく見えてしまうのです。オーロラ観光に行って肉眼で見ると暗いオーロラは、白っぽく見えます。しかし写真で撮ると緑色。このように、分光観測によって光を精密に観測してくれていたおかげで、扇形オーロラの一つの謎だった赤バックに白い扇の骨がある、これらはそれぞれ、典型的なオーロラの赤と緑と同じ色だったということが実証されたと言えます。

オーロラの色彩

ここでオーロラの色について説明しておきましょう。オーロラの色と言えば、おもに二種類で、グリーンラインと呼ばれる波長五五七・七ナノメートルの緑色と、レッドラインと呼ばれている波長六三〇・〇ナノメートルの赤色です。このクリスマスカラー——緑と赤——は、生命の星ならではの色でもあります。地球は植物などがつくっている酸素に溢れ返った星であり、その酸素原子が刺激を受けてこのような特殊な色を出しているのです。このような、赤や緑のオーロラが光っている星は、私たちが知っている限り地球だけです。ほかの星でもオーロラは光っています。しかし木星や土星は水素の塊ですから、酸素とはまったく違うピンク色のオーロラが出ており、緑のオーロラは見られません。

宇宙空間で大気が発光しているのがオーロラですが、その言葉自体がなんだか矛盾しているような気がします。宇宙空間は真空で、大気は真空ではないというイメージがあるからです。ところがじつは、宇宙ステーションが周回しているあたりの宇宙空間は、真空度が非常に高いものの厳密な真空ではありません。地球の空気の名残りの酸素原子がわずかに散らばっており、その酸素原子一粒一粒は、もちろん見えないほど小さいわけですが、宇宙空間の何らかの影響を受けて刺激されると発光するのです。

刺激された酸素原子は、私たちが吸っている空気のように、ほかの原子や分子にきわめて短時間でしょっちゅうぶつかっているのであれば、受けた刺激もぶつかることで解消できます。しかし宇宙空間では、いったん刺激を受けた一粒一粒の酸素原子は、ぶつかる相手がいないので、空気中のように衝突でエネルギーを解消することができません。真空度が高すぎるのです。ではどうやって元に戻るかというと、光を出すのです。これがオーロラの発光です。刺激されたときのエネルギーアップしたエネルギーと、元に戻ったときのエネルギーの差は、原子ごとに違っていて、発光する色のもつエネルギーと完全に一対一対応します。たくさんエネルギーアップした酸素原子は緑色を出しますが、少しだけエネルギーアップした酸素原子は赤色を出すのです。

コラム①でも紹介したように、太陽風が直接大気に衝突して、それが刺激となってオーロラが光るという説明は、間違いが増幅されて、繰り返しテレビや雑誌、書籍でも紹介されていますので、注意が必要です。オーロラの仕組みを単純化して説明しようとしても、実際には非常に複雑な現象なので、間違ってしまうということだと思います。おそらく六〇年くらい前には、そういう説が真剣に議論されていたかもしれません。いまは正しい仕組みがわかっていますので、もう間違った説を広めないようにしましょう。

六〇年前にそういう説があったかもしれないと説明しましたが、太陽風が発見されたのが、ちょうどその頃。太陽風というアイデアが提唱されたのが一九五八年です。太陽の研究者や、オーロラの研究者であれば、一九五八年の重要な発見と聞けば、「あ、パーカーの論文だな」というふうにピンときます。パーカーの論文までは太陽風という考えがなかったので、なぜオーロラが光るのかについては、かなり謎めいていました。そこに太陽風が発見されたわけですから、とにかく太陽風が大気にぶつかればオーロラが光るという、ざっくりとした説明がどこかで生まれ、それがずっと続いてきたと考えられます。しかし、その説明が間違いだったということも、最近はっきりとわかってきました。

太陽風が初めて実測されたのは一九六二年です。この頃から宇宙空間のイメージが激変しました。何もない真空の真っ黒な宇宙空間というイメージは大きく変化し、地球の周りには常に太陽風や爆風——コロナ質量放出——によるプラズマの風が吹きすさんでいることが明らかになりました。真空で何もない宇宙空間から、太陽が常に放出する莫大なプラズマの風の中に地球が存在するというイメージへと切り替わったのです。

一〇〇年ほど前のキャリントンやケルビンが、太陽の爆発現象フレアの発生とオーロラの発生を結びつけて理解できなかったのも無理はない、ということもわかります。つまり、太陽風というアイデアは、それくらい大きな驚きの発見だったわけです。太陽風なくして、太陽と地球をつなぐ流れはありません。そのため、どうやってそれらを関係させるかもわからなかったということです。しかし、太陽風の発見により、太陽風と地磁気の作用がオーロラの電力になるという、オーロラの予測を可能とする知見が得られました。いまでは世界中でスーパーコンピューターなどを駆使して、オーロラの発生を予報しています。これはつまり、発電は宇宙空間のどこで起こるのか、その発電された電流はどこに集中するのか、どのように電流が解放されるのかといったことを計算して、正確なオーロラ予報ができるようになったということなのです。

オーロラは熱でも光る

やや専門的な話になりますが、ここで扇形オーロラの発光の仕組みについても、近年の研究を参考に、考察を加えておきましょう。

地球大気中の酸素を刺激する方法には、おもに二種類あります。いわゆる普通のオーロラは、「電流タイプ」です。これは宇宙から猛スピードで降ってくる電子を受け止めた酸素が、おもに緑色に光るタイプです。電子の移動が電流を担っているので、電流タイプという言い方をしています。これは酸素の受けるエネルギーが比較的大きい。もう一つは「熱タイプ」です。磁気嵐などに特有で、赤色のみが光るタイプです。宇宙のプラズマから伝わってくる熱を受け止めた酸素が、赤く光ります。これは酸素の受けるエネルギーが比較的小さい。専門用語でSAR（Stable Auroral Red）アークと呼ばれているものです。

私の仮説は、この両方が同時に中緯度に出現するのが「扇形オーロラ」であろう、というものです。そう考えたのにはいくつか理由がありますが、数年前に市民参加型科学、いわゆる「シチズンサイエンス」によって発見された新種の発光現象「スティーブ（STEVE）」がヒントになっています。スティーブが、扇形オーロラの親戚ではないかと考えているのです。

スティーブというのは紫色の細長い発光現象です。夜空を撮影する写真家は以前から気づいていた発光現象ですが、普通のオーロラとは違って、正体がよくわからず、プロトンアークなどと呼ばれていたこともありました。ひとまずスティーブという名前をつけて、写真家と研究者が本気で協力して調べていこうという、なんともアメリカらしい大らかなかたちで、近年一気に研究が進みました。意外と身近なところにも、まだまだ新発見が残っているということに気づかされる例でもあります。

アメリカの庭でよく見かける、杭で固定した柵をピケットフェンスと言いますが、スティーブから少し離れた位置に、緑色のピケットフェンスのような光が同時に出現することもあります（二次元バーコードは写真へのリンクですが、「steve picket fence」で画像検索してみてください）。どうやら、スティーブは「熱タイプ」で、ピケットフェンスは「電流タイプ」らしいことが最近わかってきたのです。真っ赤な扇と、緑色の扇の骨が同時に現れる扇形オーロラは、近年やっと明らかになってきたスティーブ＋ピケットフェンスの親戚のように思えるのです。

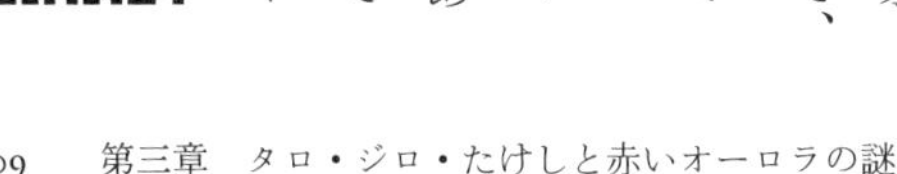

写真に写らない光の柱

　さて、一九五八年二月一一日の写真の話に戻りましょう。私は悩んでいました。入手したスケッチや写真を念入りに比べてみたところ、微妙になにかが違っている。同じ時刻なのに見た目に違いがあり、すごく気持ち悪くなって、なぜかと考えました。まったく同じ時刻のスケッチと写真を見比べると、スケッチでは非常にくっきりと光の柱が出ていたように描いてあるのですが、写真のほうはなんだかぼんやりして、そんなにはっきりとした光の筋が見えません。なぜ写真に残らないものを、この人はスケッチしているのだろう、という点がどうにも気になります。時間を間違っているのかとも疑ったのですが、どうもそうではないようです。写真のデータは一分おきに、ずっとびっしりと撮影されていて、多少の時刻ずれでは説明がつかないことも明らかなのです。

　人間の目で見たときの見え方と、写真に写るときの見え方の違いが原因ではないか、と私は考えました。人間の目は緑に感度が強く、フィルムは赤に感度が強い。だから昔のフィルムで撮ったオーロラ写真は、本当に真っ赤なものがあったりします。オーロラの赤がきれいに写るのです。このような写真の特性によって、フィルムでは赤い扇の面のほうが記録され、緑色の筋模様はノイズに埋もれて写っていない。しかし、肉眼では緑色の構造が見えて、スケッチではそれも書いたのだろうと解釈して、論文を出版しました。

ところが、です。この論文を出版して、学会でも発表して「どうだ、凄いだろう」と自慢するのですが、そうすると質問やコメントを受けることになります。そのなかに、太陽物理学の研究者である桜井隆先生からのご指摘がありました。桜井先生は当時のことをご存じだったのでコメントをいただいたわけですが、その内容がちょっとドキッとするものだったのです。太陽の観測をしている人たちは、波長六五六・三ナノメートルのHアルファ線を観測しています。しかしその観測をやろうとしても、普通のフィルムだと写らない。そこで七〇〇ナノメートルまで感度の高いコダック2415という、特殊なフィルムを使って観測をさせていたそうなのです。この一九五八年二月一一日当時、どのようなフィルムを使っていたのか、普通のフィルムを使っていたとしたらむしろ青に感度が高いはずだけどと、私が考えた説明とはまったく逆のようなご指摘をいただいたのです。私は青ざめました。

しかし落ち込んでいる暇はありません。すぐに調べることにしました。当時使用されていたのは、一六ミリの桜SSSフィルムという製品だと書いてありました。これと類似品の感度曲線、つまりどの色に感度が強いかというグラフを見たところ、たしかに六五七ナノメートルよりも波長の長い光は映らないフィルムでした。ただし、それと同時に、六三〇ナノメートルのオーロラの赤色はバッチリ写るフィルムだ、ということも確認できたため、間違いを犯していたわけではなかったことがわかり、ホッとしました。そして、桜井先生がおっしゃっていたとおり、たしかに青にも非常に感度が強いフィルムでした。このようなアナログなフィルム撮影ならではの事情があったことを、私は知りませんでした。古いデータを掘り起こす際には、当時の人は常識として知っていることであっても、現在の私たちが知っているとは限りません。当時の観測を担っていた人びとの心構えをきちんと感じ取りながら、細心の注意を払って研究をすることの大切さを痛感しました。

赤気の全体像を復元する

さて、北海道から関東以北でのいろいろな場所でオーロラのスケッチが描かれていたわけですが、研究の次の段階では、そのすべてのスケッチと辻褄が合うオーロラの発光場所、つまりオーロラが発生した位置を突き止めることにしました。三角測量をするようなイメージです。すべての観測所で見られたオーロラを説明できるオーロラの発生位置はどこか、という問題を解いたのです。私は双極子磁場に沿って等間隔に並んだ光の柱が、日本全国の観測場所からどう見えるか、という計算を繰り返しました。その計算からわかったことが二つあります。まず、扇の赤い面は高度四〇〇キロメートルにまで伸びたオーロラが、磁気緯度四〇度まで拡大していたということ。もう一つは、扇の骨の緑色は赤いオーロラと少し場所がずれており、磁気緯度三八度の磁力線で光っていたということ（図2－5参照）。このように考えると、すべての気象庁職員のスケッチと辻褄が合います。

この計算からほかにもわかったことがありました。扇形オーロラといっしょくたに呼んでいますが、じつは北海道では扇形だったのに、新潟ではまっすぐに突き出た光の柱だった、というスケッチも残っていました。そこで、北海道と新潟からの見た目を計算して再現してみると、たしかに北海道では扇形で、新潟ではまっすぐに突き出た光の柱に見えることが再現できるのです（図3－8）。

もう少し具体的に、この状況を説明すると、午後七時四〇分頃、磁気嵐のピークになりましたが、この時間には、北海道の女満別では仰角六〇度に達して扇形が現れ、新潟の相川測候所では仰角一五度に光の柱が突き出ていました。この様子を再現できたのです。このとき私は、第二章で紹介した、クック船長のときと同じだと思いました。クック船長の船に乗っていたバンクスは、海から仰角二〇度くらいまで光の柱がまっすぐ突き出ていたと、日記に書き残していました。これと同じなのかもしれないと思うと、時空を超えて統一的にオーロ

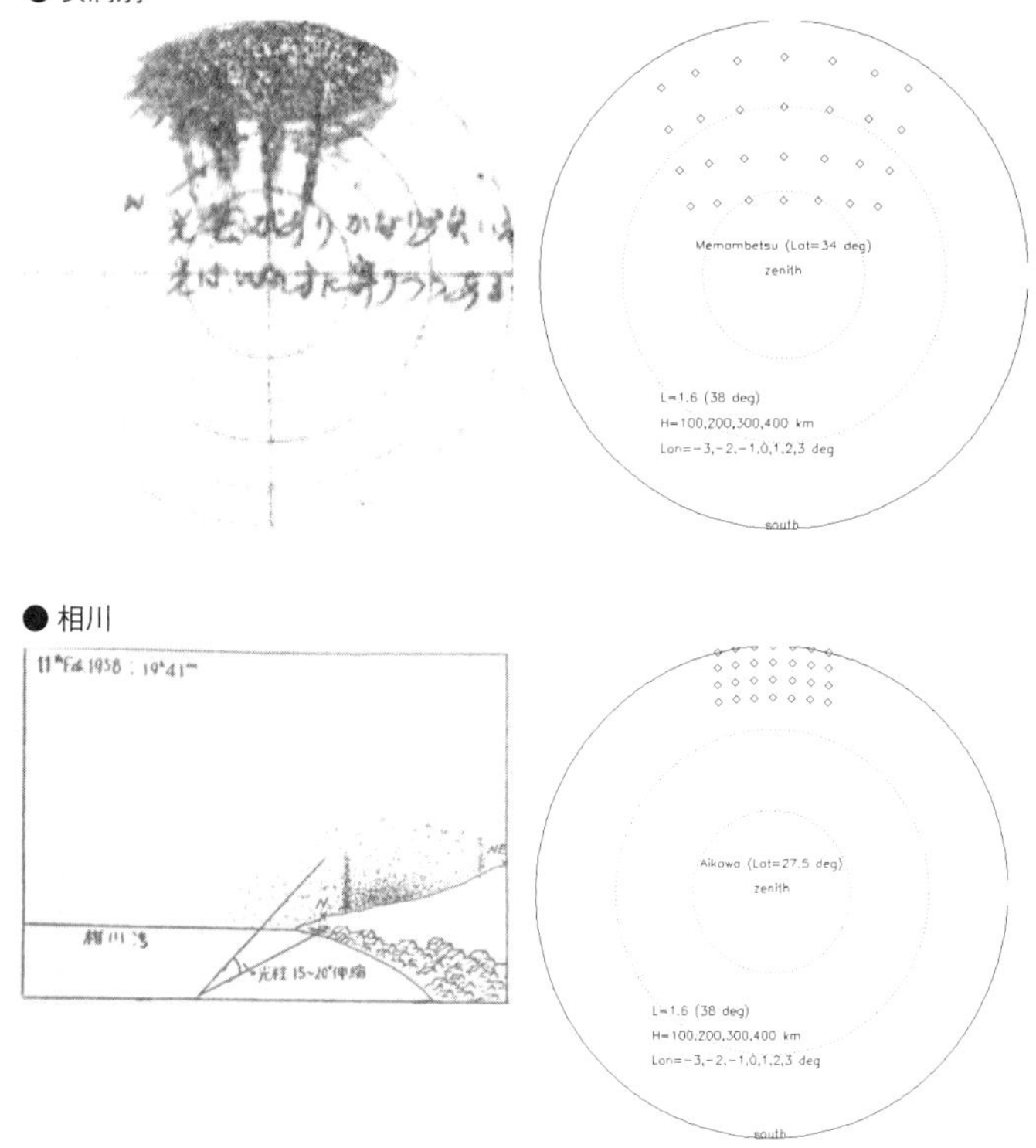

図 3-8　午後 7 時 40 分頃、磁気嵐のピークにおいて、女満別（上）では仰角 60 度に達する光の柱が、相川（下）では仰角 15 度であった。

ラを理解できてくる感触があり、なんだか嬉しくなります。

ここで話題を変えましょう。一九五八年二月一一日という日付けを、念のためと思ってSNSで検索したところ、とあるつぶやきを発見しました。インターネット・オークションで落札した雑誌『模型とラジオ』に、オーロラが出たと書いてある、場所は東京だ、とあったのです。『模型とラジオ』の記事をよく読んでみると、「東京の浅川でも、夜七時頃から北の空はだんだん黄色くなり、九時頃に火事のように明るく見えたという人もおりますがまだ確実性ははっきりしていません、もし東京で見えたとしたら二〇〇年以来のことです」とあります。これにはちょっと驚きました。東京でも見えたこともそうですし、二〇〇年以来というのも凄い。では、浅川町はどこかというと、いまの八王子市にある高尾駅のあたりです。雑誌『天気』の記事を読み直してみると、たしかにポツッと一般通報というカテゴリで八王子のあたりに書いてあります。東京でも見えていた可能性があるかは簡単に計算できると思いつき計算してみました。

すると、オーロラの半分以上は地平線の下に隠れていますが、高いところだけが北の空にギリギリ、八王子からも見えるということがわかったのです（図3-9）。この結果は一般

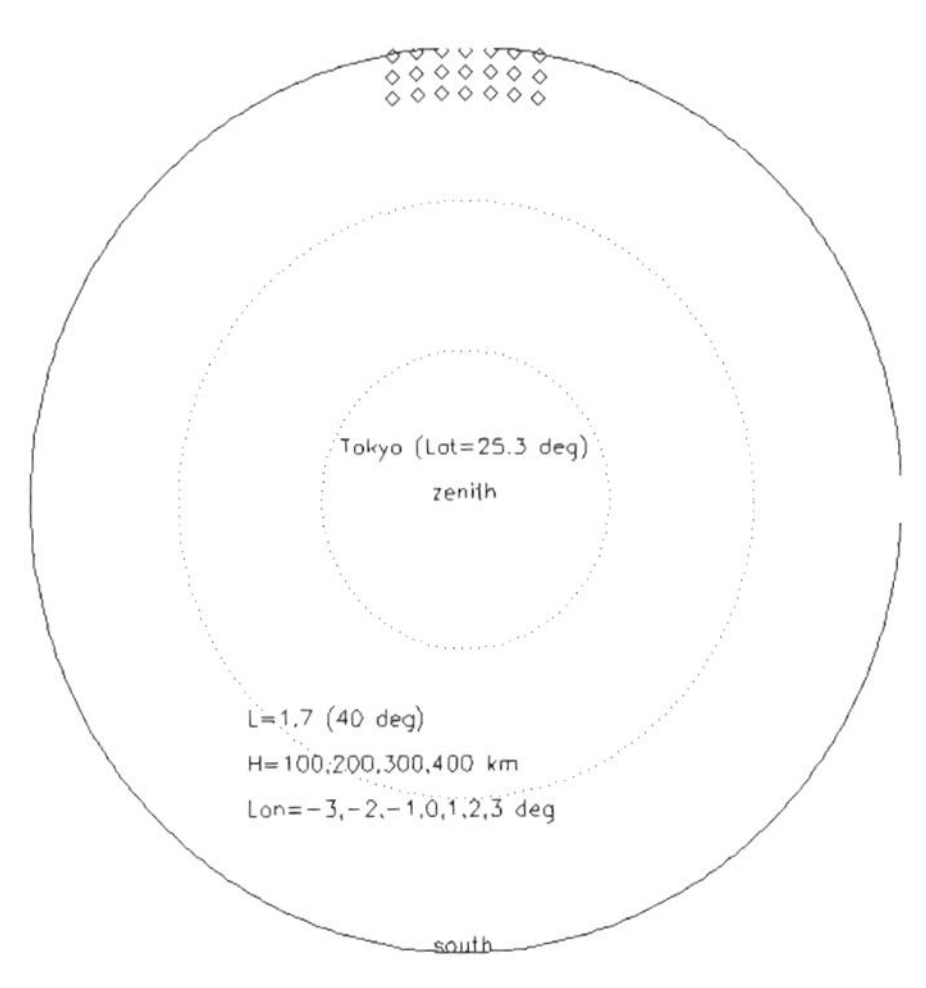

図 3-9　1958 年 2 月 11 日、浅川町でのオーロラの見え方

通報とも整合的です。たまたま、北の空が晴れていたから見えたのだろうと考えられます。過去の八王子からのオーロラ目撃例を調べると『桑都日記（そうとにっき）』に明和七年に赤気が見られたと書いてあります。じつに、明和七年のオーロラ以来と言える、約二〇〇年ぶりの事件だったのです。

赤気は動く

さて、ここまではスケッチの話ですが、次に連続写真からオーロラの動きを復元することに挑戦しました。私はそれまで、マイクロフィルムを扱ったことがなく、貴重なデータを破壊してしまうのではないかと恐る恐るの作業でした（図3-10）。

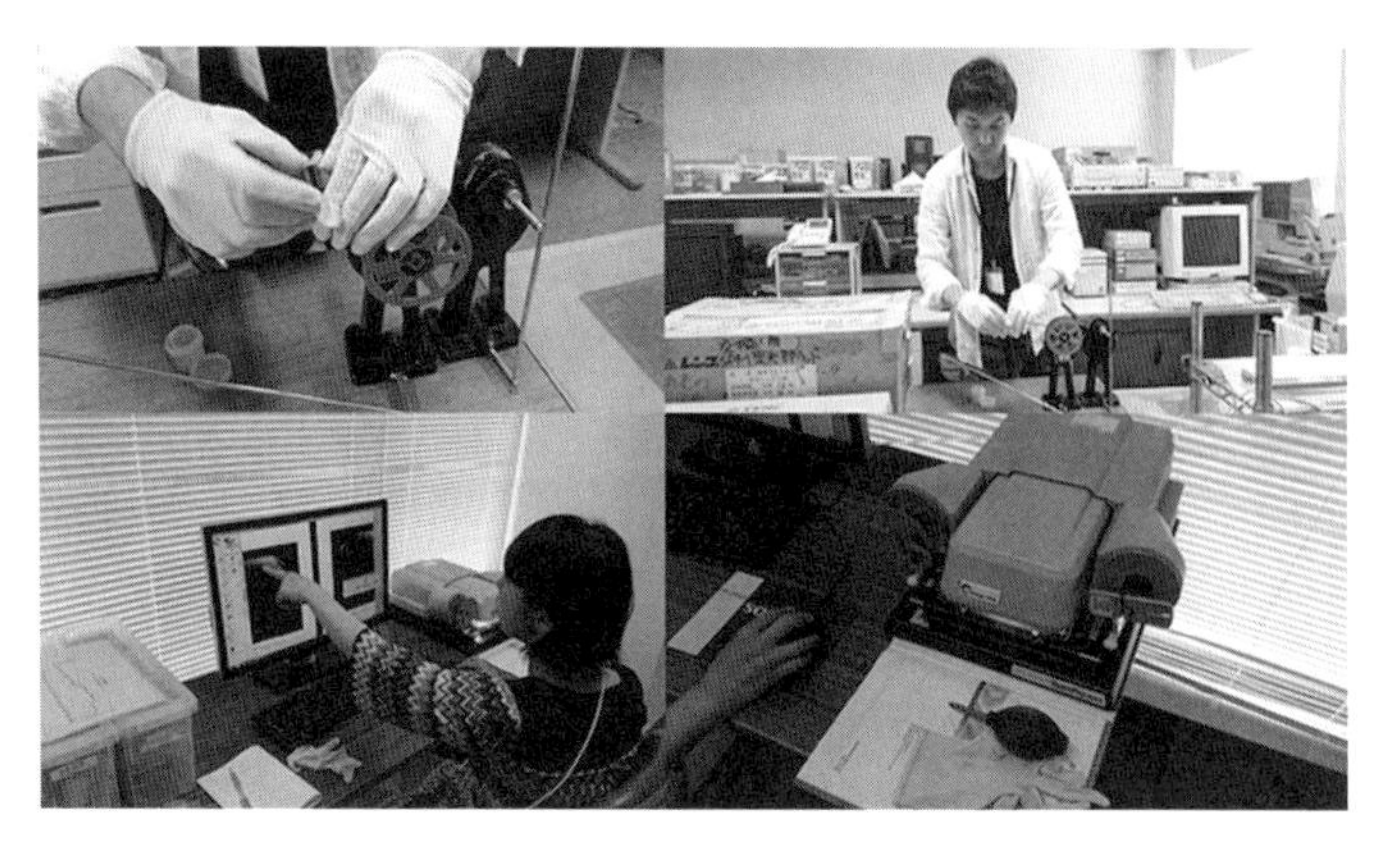

図 3-10　マイクロフィルムからのオーロラ復元作業の様子。

マイクロフィルムを専用のスキャナーで読み取って写真をデジタル化すると、その写真の一部をスライスして、一枚一枚並べて時間変化をくわしく見ることができます。毎分毎分の写真がびっしり一時間ほど撮られていますので、その間のオーロラの東西の動きが、はっきりとわかりました（図3－11）。扇形全体が西に、ひたすら西に動いていたのです。磁気嵐が起こっているときには、夕方から夜の時間帯にかけて、プラズマが西へと流れる、という現代の理解と整合しています（図3－12）。これは、非常に激しい宇宙空間のプラズマの流れを示しており、それがオーロラで可視化されていたと考えられるのです。このようなデータにめぐりあうと、研究者魂に火がつきます。一気にイメージが湧いてくるのです。

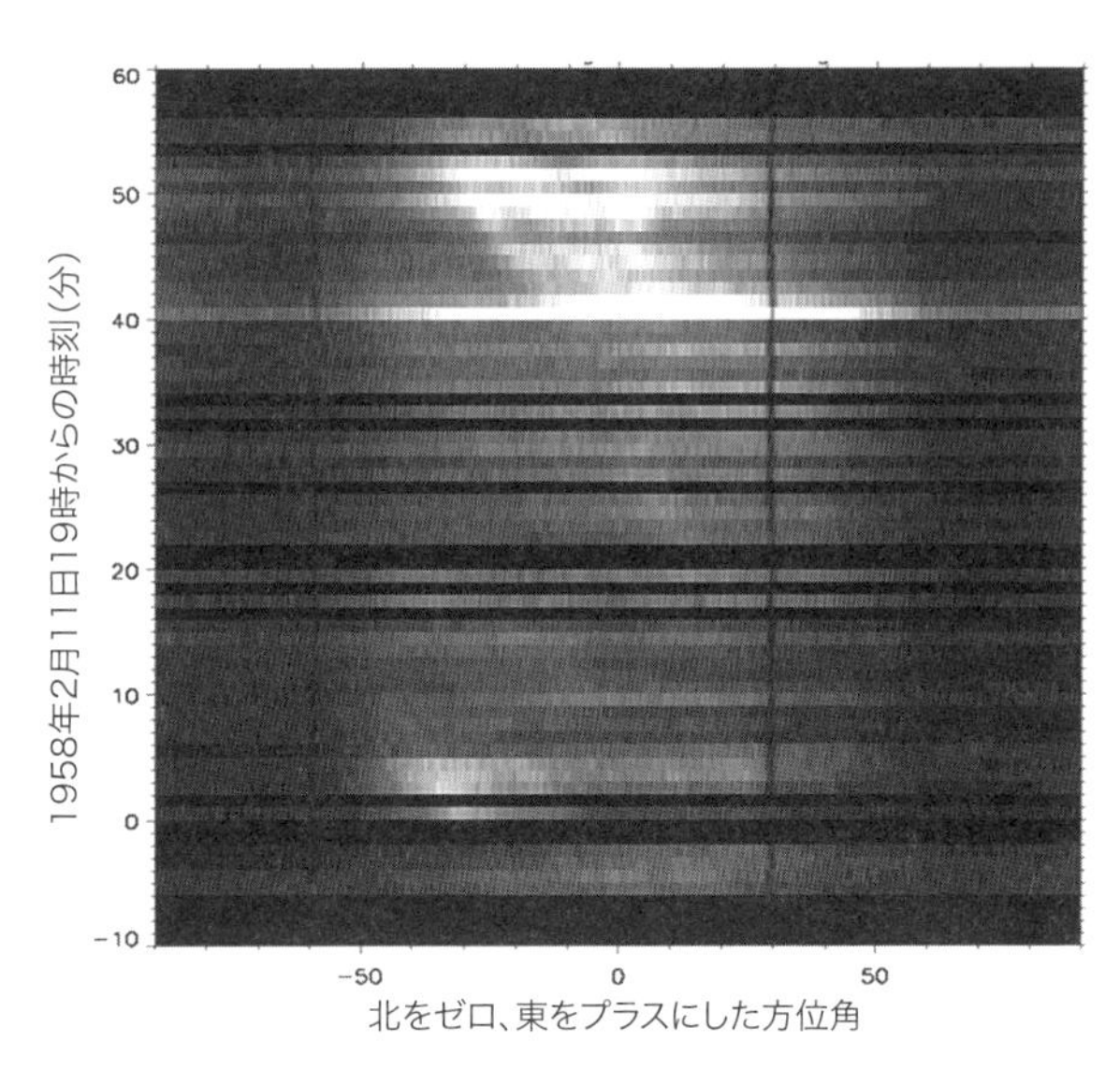

図 3－11　仰角 10〜20 度のスライスを並べた図。

この段階で湧いてきたイメージは、磁気嵐では熱いプラズマが崩れながら動くことは自然なことであり、その結果が、熱と電流の両方が同時に光る扇形オーロラとなって現れたのだろう、という仮説です。もう少し言葉を足してくわしく説明しましょう。

磁気嵐の正体はそもそも何かと言うと、地球を取り囲んでいるアッアッのプラズマのドーナツです。磁場をもった惑星は太陽風プラズマが侵入できない反面、とんでもなく熱いプラズマを溜め込み、さらに放射線まで抱え込んでしまいます。プラズマのドーナツのほうは磁気嵐の原因になってしまいま

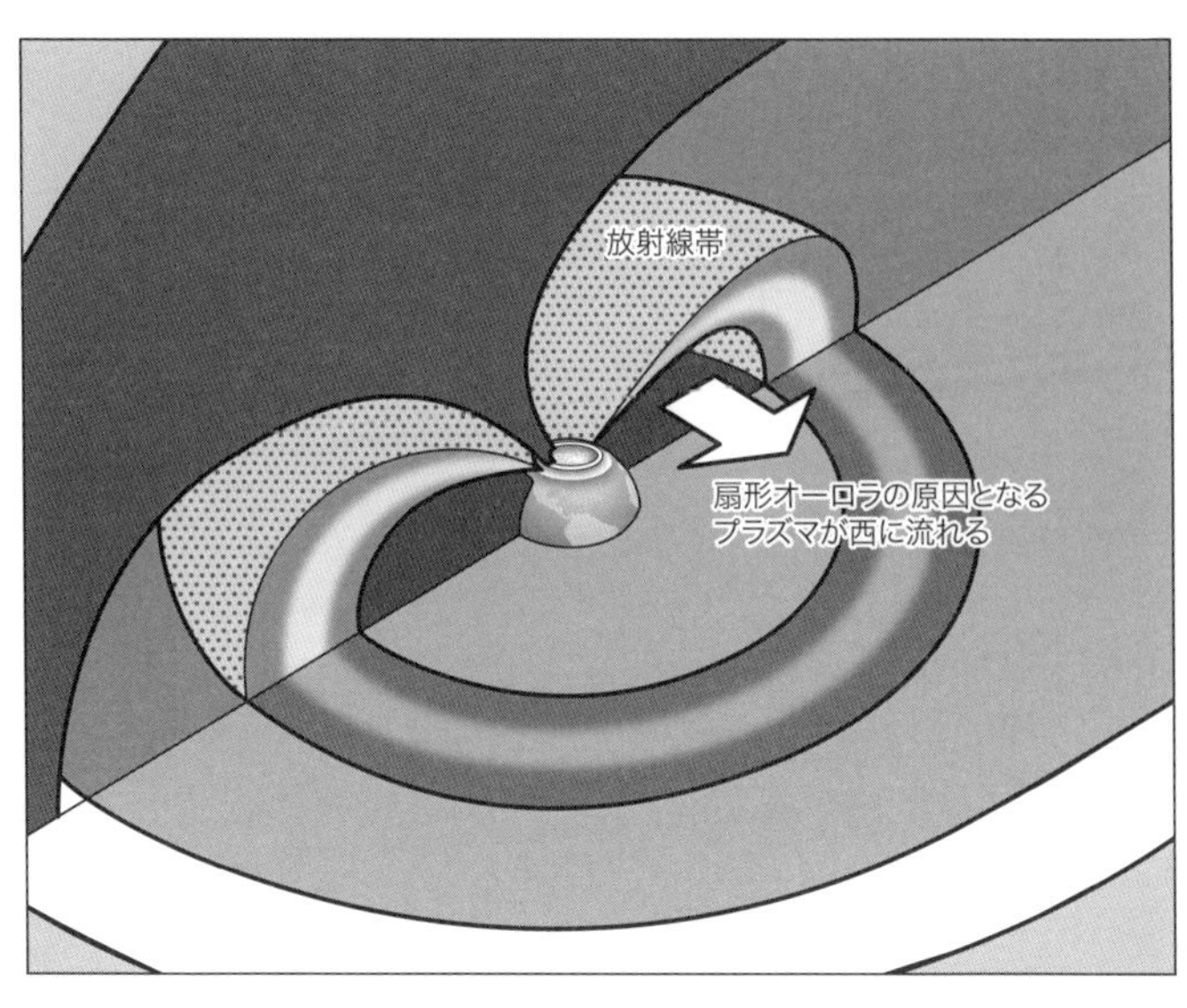

図3－12　地球を取り囲む放射線帯。大量の放射線が地磁気の中にドーナツ状に溜まっている。

すし、放射線のドーナツのほうはヴァン・アレン帯と呼ばれているものです。場所がオーバーラップしていますが、ちょっと違う場所にドーナツが重なっています。熱いプラズマは緯度の低い地域と接続しており、そこで赤いオーロラが発光するというわけです（図3－12）。強い磁気嵐では、緯度の低いところにまでオーロラが広がってきます。

連続写真から、熱いプラズマが西へ激しく動いていたということがわかりました。動くプラズマは崩れやすく、崩れていくときには電流が大気にリークします。だから熱も来れば、電流のリークも発生する。それがあの扇形のオーロラとして現れるのではないかと考えました。オーロラや磁気嵐の研究者は、扇形のオーロラ全体が西にどんどん動いていたという結果を見た二秒後くらいに、だいたいこのようなイメージをもちます。

次のステップはもう明らかです。巨大磁気嵐を理解するために再現実験をします。スーパーコンピューターなどを使った実験です。ただ、前例のない極端な条件での計算になりますので、何が正しい結果かという判断も難しくなります。だからこそ、歴史的な資料からヒントを探していたということなのですが、その具体的な判断材料が発見されたとも言えます。

ここでふたたび、個人的にちょっと納得したことがありました。そして、扇形のオーロラの絵画を描いた作者の気持ちも、改めてわかったような気がしました。かれらはなぜ扇形のオーロラを描いたのか。扇形のオーロラは、人びとが観察しやすい真夜中前の時間帯に発生します。それはオーロラがもっとも明るくなるタイミングで、しかも一時的にしか光らず一〇分程度で終わります。赤いオーロラが出現しているほかのどの時間と比べても、構造も明るさも際立っていて、もっとも印象的な瞬間だと言えます。だからこそ絵画に残したのではないか、と私は考えています。

トルーヴェロの絵画で、時刻が九時二五分と書かれていましたが、なぜそんなに細かな記録を残したのでしょうか。この絵には星座が描かれていますが、星座に照らし合わせてオーロラの絵を描くと、一〇分も経てばオーロラの位置はかなり動きます。トルーヴェロは、そのことに気づいたのではないでしょうか。そのため分単位で移動しているオーロラが、九時二五分にはここにあったということを描写したから、キャプションにも時刻を分単位で書いたのではないかと考えられるのです。

次世代へ記録をつなぐ

改めて、古いデータを調べることの面白さを私自身感じましたが、今回分析対象にしたデータは日本で撮影された初めてのオーロラ写真です。そういった近代的な観測データと、古くから続いてきた手書き記録の接点になる研究例とも言えると思います。

本研究で新しい科学的知見が見いだせたのは、写真フィルムが気象庁で大切に保管されていたおかげでした。そのような古いデータが保管されているということが何より重要なのですが、できればデジタル化したものが公開されて、現代的な視点で手軽に見直せるようにすることの価値は非常に高いのではないかと考えています。極地研には、国際地球観測年の一九五八年以降の世界中のオーロラ画像のマイクロフィルムが保管されています。しかし、とても公開できる体制が整っていません。これも何とかして公開できないだろうかと考えており、何らかの形でご協力いただけるような方がおられたら、ご連絡いただけると嬉しく思います。

第一章から振り返ると、巨大磁気嵐の実態がさまざまな日本史資料を通して具体的に見えてきました。第一章では、太陽は一度爆発すると止まらず、何度も繰り返すということ。第二章では、一〇〇年の間隔を置かずに史上最大規模の巨大磁気嵐が起こっていたということ。そして本章では、真夜中前、中緯度地域に一時的に、見事な扇形のオーロラが出現することなどが明らかになりました。

これらは、巨大磁気嵐に伴って引き起こされるであろう、現代社会のインフラへの大規模な障害に備えるために、具体的な対策を立てる際にも役に立つ知見です。

また、個人的に最大の驚きだったのが、扇形という特徴的なオーロラの形態が、巨大磁気嵐では何か必然的に出現するものだったということです。第四章では、時空を超えるというテーマを掲げたオーロラ4Dプロジェクトの締めくくりとして、この扇形のオーロラという観点から『日本書紀』の赤気の謎に迫ります。

コラム③

オーロラの水彩画

一九五八年二月一一日に水彩画を描かれた高校生がいました。風間繁さんです。つい最近、ご本人に会うことができました。

一九五八年二月一一日の夜、〈宗谷〉の動向が気になってラジオを聴いていた風間さんは、その当時住んでいた新潟県でもオーロラが見えるかもしれないと考えて外に出ました。そして九時五分に海岸で目撃した赤いオーロラを、高校生活で使っていた水彩絵の具で丁寧に記録しました（口絵④）。風間さんは、二〇一九年三月に極地研に来られ、もしこの水彩画が研究の役に立つならば、ということで、その貴重な水彩画を寄贈して下さいました。これもユニークなコラボレーションとなりましたので、紹介しましょう。

その水彩画は、新潟から真北に見た海岸の様子で、空が赤く染まり、雲が少し出ている場面です。水彩画の中には、以下のような記録も残されています。

極光　一九五八年二月一一日　二二時五分
観測地点　新潟市学校町浜
観測者　風間繁（一七歳）天候　薄ぐもり　微風　五℃
その色暗紅色にしてあたかも遠隔地の火災を見るが如し。

もっとも特筆すべきはオーロラの仰角が一〇度と書いてあることです。握りこぶしをつくって手を伸ばした、その握りこぶしのサイズが視野角で約一〇度です。天体観測などをしている人はよくご存じだと思いますが、おそらくそうやって測られたのではないかなと思います。もちろん方角も書いてあります。

つまり、きちんとしたデータになっているのです。新潟では仰角が一〇度、そして光の柱は見られない。同時刻に網走でスケッチされたデータと比べることで、オーロラの発生位置が特定できます。磁気嵐のピークから約一時間後の、新潟からの唯一の仰角記録であり、磁気嵐が回復していくときにオーロラの環全体が北側に少しシフトしていたことがわかります。この風間さんの記録も、現代的な磁気嵐の理解と整合するデータであり、論文として発表することになりました。その論文プレスリリースから、風間さんから頂いた感想をここに引用しておきたいと思います。

当時、南極観測の観測船〈宗谷〉と観測隊の活動は、ちょうど今の宇宙観測船はやぶさと同じくらい国民の関心を引きつけ報道がされていました。また科学雑誌では太陽活動が活発になっているので大規模な磁気嵐が起こったり、普段は高緯度地域でしか見られないオーロラが、日本のような中緯度地域で見られる可能性があるようなことも読んだ記憶がありました。ですから、あの日私が国内でのオーロラ観測という経験をすることができたのは、科学観測に人々の注目が集まり、また研究者が日本国内でのオーロラを予測していたことなど、そういう社会の流れがあったからであると考えています。よく幸運はそれを準備して待っている人に訪れるということが言われますが、あのオーロラは日本社会が準備して待っていたのであり、それを見て記録を残す役割がたまたま自分に回ってきたのだと考えています。

第四章

『日本書紀』の赤気の謎

本章の題材は『日本書紀』の赤気です。私にとっては初めての、「文系論文」からの紹介です。自分なりに学融合という三文字、文理融合という四文字の言葉を意識して、実践してみた研究の一例でもあります。典型的な理系研究者の私でも、文系の世界に足を踏み入れて良いのだろうか、迷うくらいなら、むしろ踏み入れてみようという好奇心から出てきた研究でもあります。一四〇〇年の謎に迫り、当時の日本人の感性について考察します。

日本最古の天文記録は赤気

『日本書紀』の「赤気」に注目すべき理由や根拠はいくつかあります。まず、日本最古の「赤気」の二文字が出てくるからです。赤気という表現は、中国では紀元前から使われてきたもののようですが、日本では『日本書紀』の推古天皇二八（六二〇）年のところに初めて出てきます。日本の天文観測を拾っていくと、その始まりは推古天皇の時代にあります。推古天皇一〇（六〇二）年には百済の僧が来朝し、暦の本や天文地理の書を伝えていたという背景が関係しているようです。そして、『日本書紀』に書かれている天文観測記録の一番初めのものが、この赤気なのです。ちなみに二つ目は「日食」で、六二八年。三つ目は「彗星」で、六三四年。「ほうきぼし」と書かれています。

もしこの赤気がオーロラだと納得できるのであれば、日本人オーロラ研究者としては冥利に尽きるというものです。私は、国文研の山本和明先生、極地研の同僚で流星の専門家である藤原康徳さん、また極地研で鳥類の研究をしている塩見こずえさんと國分亙彦さんにも助けを求め、共同研究にとりかかりました。

これまで、『日本書紀』の赤気が本当にオーロラなのか、きちんと検証されたことはありません。中国の歴史書でも、六二〇年にオーロラらしき記述は見いだせませんし、黒点が出たという記述も見つかりません。したがって、文献に基づく研究の常套手段であるダブルチェックが難しいということが一因となり、「オーロラかもしれない」というふうに、あくまで可能性として指摘されるにとどまってきました。しかし、のちほど紹介するように、研究プロジェクトの活動を通して得られたヒントがきっかけとなり、科学者として、もう少し『日本書紀』の内容にも踏み込んで、日本最古の赤気についてきちんと研究すれば、日本人の自然観や感性の原点を知ることにも、何らかの貢献ができるのではないかと考えました。

みなさんは『日本書紀』とは何かご存じでしょうか。奈良時代の養老四（七二〇）年に完成した歴史書で、漢文で書かれており、いくつかの写本が残されています。日本の正史、つまり国の歴史書として、いわゆる「六国史」がありますが、この一番初めのものです。六国史と呼ばれているものには『日本書紀』のほかに、『続日本紀』『日本後紀』『続日本後紀』『日本文徳天皇実録』『日本三代実録』があります。『日本書紀』では、推古天皇のあたりから信憑性が増しているようですが、説話的なものも残っていたりして、書かれたことのすべてが事実であると信頼できるかどうかは、微妙なところがあります。しかしそのような面白さもあって、単なるデータとは異なるという部分にも興味を持ちながら読むことになりました。

手始めにまずは、赤気の記述を見ることにしましょう。小学館『新編日本古典文学全集 日本書紀（2）』の訓読文にはこう書かれています。

一二月の庚寅の朔に、天に赤気有り。長さ一丈余なり。形雉尾に似れり。

現代語訳では「一二月の一日に天に赤いしるしが現れた。長さは一丈あまり。形は雉の尾に似ていた」となります。そこで、この記述について、できるだけ深く調べていくことにしました。

オーロラと神話

『日本書紀』で赤気と書かれる前からオーロラ的な記述があったかどうか、あるいは伝説としてオーロラのことは、どのように表現されていたのかという観点で、少し脱線します。

まず、『日本書紀』の赤気より前にも、オーロラ的な記述があります。寺田寅彦が昭和八年に「神話と地球物理学」というタイトルで書いた随筆の中に、次のような考察があります。

> 大国主神(おおくにぬしのかみ)が海岸に立って憂慮しておられたときに「海(うなばら)を光(てら)して依(よ)り来る神あり」とあるのは、あるいは電光、あるいはまたノクチルカのような夜光虫を連想させるが、また一方では、きわめてまれに日本海沿岸でも見られる北光(オーロラ)の現象をも暗示する。

このように、伝説の類としてオーロラが紹介されていた可能性はあります。いっぽう中国では、どれくらい古くからオーロラを暗示する記録があるかというと、驚いたことに、紀元前二二〇〇年頃に書かれているようです。小口高先生が書かれた『オーロラの物理学入門』という本には、伝説の類としてオーロラがどういうふうに書かれてきたかということが紹介されています。たとえば中国には『山海経（せんがいきょう）』という最古の地理書があり、そのなかでは紀元前二二〇〇年頃に炎の龍というのが出ており、これがオーロラかもしれないとされています。北の山の神で身長が一〇〇〇里（約四〇〇キロメートル）と書かれており、それならばオーロラとしても悪くない近似のように思えます。

ほかには『漢書（かんじょ）』の中にも、オーロラと思われる記述が出てきます。「天缺（天の割れ目）」「炎に似た星」「枉矢（まがった矢）」「曲がりくねった旗」などのほかに「天狗」があります。この天狗は日本人が一般的にイメージする鼻が突き出た天狗とは違い、炎のような犬の怪獣のことです。また、紀元前三二年九月二八日には「龍の如く蛇行する流星」と書いてあり、当時は夜空に光っているものを星と言っていたそうですから、これもオーロラなのかもしれません。この頃からは日付けがしっかりと書かれてきていますので、科学研究にも使えそうな記録と言えるでしょう。

このような伝説の類に比べ、『日本書紀』に出てくる「雉（きじ）」「キギス」という言葉には、違和感を覚えました。すごく身近で、和風の香りを感じます。いっぽうで、赤気という言葉は注釈書などを見ると、中国の史書、『魏書』や『晋書』の中では、陰謀の兆しとか兵器をさすと考えられています。ところが『日本書紀』では、前後の記述を見ても、とくにそのような凶兆とみなしたとはっきりわかるようには書かれていません。赤気が出た翌年、聖徳太子が亡くなっているので、結果としては凶兆ですが、赤気が出る前年には人魚伝説といった珍しい話も掲載されており、赤気も、そのような非常に珍しい現象の一つとして取り上げられたと読むこともまた、自然なように思えます。推古天皇二七年から二九年にかけて、赤気前後の記述を現代語訳で紹介しましょう。

二十七年の夏四月の己亥の朔壬寅に、近江国が、「蒲生河に、人のような形をしたものが現れました」と報告した。秋七月に、摂津国の漁夫が堀江に網を沈めておいたところ、網にかかったものがあった。その形は幼児のようで、魚でもなく人でもなく、なんとも名づけようのないものであった。

二十八年の秋八月に、掖玖人二人が、伊豆嶋に到着した。

冬十月に砂礫を桧隈陵の上に葺いた。また陵域のまわりには土を山もりにし、氏ごとに割り当てて大きな柱をその土山の上に建てさせた。そのおり、倭漢坂上直（やまとのあやのさかのうえのあたい）の立てた柱がほかよりはるかに高かったので、人々は坂上直のことを大柱直（おおはしらのあたい）と名づけた。十二月の庚寅（かのえとら）の朔に、天に赤い気（しるし）が現われた。長さは一丈ばかり、形は雉の尾のようであった。

この歳、皇太子と嶋大臣（しまのおおおみ）とは、協議して、天皇記（すめらみことのふみ）および国記（くにつふみ）、臣連伴造国造百八十部（おみのむらじとものみやつこくにのみやつこももあまりやそとものお）ならびに公民（おおみたから）などの本記（もとつふみ）を記録した。

二十九年の春二月の己丑（つちのとのうし）の朔癸巳（みずのとのみ）の夜半に、厩戸豊聡耳皇子命（うまやとのとよとみみのみこのみこと）が斑鳩宮（いかるがのみや）で薨じた。

〔井上光貞監訳『日本書紀（下）』（中央公論新社）より〕

このように淡々と、さまざまな出来事が記されています。

オーロラか彗星か

『日本書紀』に赤気が書かれているということは、学生の頃から聞いたことがあったのですが、ずっと疑問を持っていました。この赤気はオーロラだと言っている人たちがいるけれど、本当にオーロラかどうかは疑わしく思っていました。その理由は、もし私がオーロラを見たとしても、雉にはたとえないだろうと思ったからです。雉の尾羽をくわしく観察したりしたことはなかったのですが、雉の尾の形から連想するのは、いかにも彗星、ほうきぼしのようなものではないかと思ったのです。

しかし結論から言えば、『日本書紀』の赤気が彗星だとは、二つの理由から考えづらいと思っています。第一に、彗星は『日本書紀』の中で、箒星（ほうきぼし）という呼び方で明確に区別されてしまっているからです。第二に、彗星の尾は赤く光らない、ということがあります。彗星の尾は二種類あり、微粒子の尾は太陽光の散乱のため白色、プラズマの尾は青白い発光です。地平線に近い位置に現れれば、大気の吸収を受けて赤みがかりますが、「赤」には程遠い色だとも言えます。実際、彗星を表したと考えられる記述で、「白気」と書かれた例はあっても、「赤気」と書かれた例は、いまだに見つけることができませんでした。

雉か碓か

『日本書紀』の写本を見ていると、写本によっては「雉」と書いてはおらず、「碓（うす）」と書いてあるものが多いことに気づきました。私は、雉の尾だと違和感があったので、もしかして碓という動物が昔はいたという可能性はないのかなどと迷走もしました。しかし結論から言うと、碓ではなく、やはり雉と書いてあると考えるのが妥当なようです。碓というのは、やはり餅つきで使う碓でした。

幕末・明治期の国学者である飯田武郷（たけさと）が、非常にくわしく雉かどうかについても研究しています。つまり先行研究があったのです。その結果、『日本書紀』の該当箇所は、雉の形に似たり、ということに落ち着いたようです。実際問題、碓の尾と書かれても意味がわからない、ということもあります。個人的に決定打になったのは、もっとも古い写本の「国宝岩崎本」を見たことでした。碓の隣に漢字で小さく「雉」と書かれていたのです（図4－1）。初期の写本でもキギスと書いてあったのだから、これは安心できる、ここは雉なんだろう、と考えて次に進むことにしました。彗星でもなさそうだし、碓という何かミステリアスな動物でもなさそうだ、ということがわかったのです。

雉の母衣打ち

このようにして雉に間違いないと納得したわけですが、雉の尾羽について私の想像の及ばないこともあるかもしれません。そこで念のため、インターネットで雉と尾をキーワードに、画像検索をしてみました。

鳥肌が立ちました。オスの雉は、尾羽を広げてメスにアピールするディスプレイ行動や、母衣（ほろ）打ちと呼ばれる、翼を羽ばたかせながら尾羽を広げるような行動をとったりします（図4－2）。そのアピーリングな写真が画像検索でたくさん引っかかってきたのですが、それはなんと扇形だったのです！　ここで仮説を得ました。本書でこれまでくわしく紹介してきた、中緯度で見られる扇形のオーロラが思い浮かんだのです。雉がそのように、尾を見事に扇形に広げて見せる鳥だということや、

庚辰

廿八年秋八月掖玖人二口流来於伊豆嶋
冬十月以砂礫葺檜隈陵上則域外積土
成山仍毎氏科之建大柱於土山上時倭
漢坂上直樹柱勝之高故時人号之曰大柱
直也十二月庚寅朔天有赤氣長一丈餘形
似雉尾是歳皇太子嶋大臣共議之録天
皇記及國記臣連伴造國造百八十部并
公民等本記

図4-1　国宝岩崎本『日本書紀』より。所蔵：京都国立博物館

図 4-2　ディスプレイをする雉。撮影：仲川弘道さん

それに人びとが注目していたということを、私はまったく知りませんでした。しかし教えてもらえば納得できるもので、孔雀も雉の仲間ですから、尾を扇のように広げる性質があるというのは言われればわかります。そのことに私は、インターネットの画像検索で気がついたのでした。

「形雉の尾に似れり」とは、中緯度で典型的な扇形オーロラのことかもしれない。雉はディスプレイ行動として、尾羽を美しく広げる鳥でした。また、翼を激しく羽ばたかせて音を立てる母衣打ちという動作でも尾羽を広げます。

しかし、現代では、かなり雉になじみの深い人でも、尾羽が扇になるような印象は持っていないということを、極地研の鳥類の専門家を通して聞きました。もし扇形オーロラを目撃して、それを雉の尾にたとえたのであれば、その当時の人びとは、雉を身近な存在として暮らし、その動態をよく観察し、熟知していたということになるかもしれません。

前章までに説明してきたように、緯度の低い地域で見られるオーロラが、もっとも明るい瞬間、そして一時的に構造がはっきりするのが、扇形オーロラであるということがわかっていました。これらの研究成果から、そのようなもっとも美しいオーロラの瞬間を切り取って表現するのに、雉の尾を当てるのはピッタリではないかと考えられます。また、江戸時代の尾張の絵図（口絵②）を見ると、扇形オーロラの全体ではなく、だんだん斜めになっていく放射状のオーロラの一部を描写した絵図があり、そのように扇形の一部が見えたときに、雉の尾にたとえていたとしても不思議はないと思えます。

そのように考えると、いろいろと辻褄が合うことに気づきました。つまり、真っ赤で、長さ一丈余りということへの説明ができるのです。まず赤であるということは、扇形オーロラの面で酸素のレッドラインがもっとも強く発光しますから、赤と書くでしょう。長さ一丈余りとは視野角として一〇度以上の長さということで、奈良などの緯度的に低い地域から扇形オーロラの一部が見えれば視野角にして一〇度以上になるでしょう。これも計算結果と整合していています。そして最後に、雉の尾に似ていると表現することで、オーロラの特徴的な広がり方も的確に示唆している、と考えられるのです。

さらに地球物理的に最適な条件が揃っていたこともわかりました。まず年末で夜が長い。月齢も新月に近く、わずかな光でも観察するのに十分な条件が整っています。また、七世紀は地磁気の北極が日本のほうに傾いており、日本各地は現在よりも磁気緯度が高くなっていました。つまりオーロラが観測しやすい状況だったのです。これは第一章で紹介した鎌倉時代の『明月記』の頃と、似たような状況です。オーロラと日本の距離が近く、日本からオーロラを観測するというのもそれほど珍しいことではなかった。つまり、現在知られている規模の巨大磁気嵐が起これば、オーロラが日本各地で観察される条件は十分に整っていたと考えられます。『中国古代天象記録全集』で一番近いものを探すと、六一七年の二月と三月に、一か月間隔で赤気が出現しており、もしかするとこの頃は太陽活動が活発だった可能性もあるかもしれません。

なぜ雉か

ここまで考察を進めて、「なぜ雉でなければならないのか」といった別種の不安が出てきます。仮説を考えると、それは本当かということを、自分自身で疑っていくことになります。なぜほかの鳥の尾羽ではダメなのだろうか、なぜ雉でなくてはならなかったのかと考えました。鳩など、昔から日本にいた鳥も、扇形の見事な尾羽を広げたりします。雉がほかの鳥と異なるのは、尾羽が長くすっと伸びて隙間ができているという点です。つまり実際の扇の形状ともっとも類似しているのが雉なのかもしれません。狩猟や食用として、身近な鳥としてよく観察されていたようですし、捕まえた雉の尾羽を広げたりすることもあるでしょう。すると、当時の人びとの目には、きれいな扇形あるいは、その一部に見えたというようにも考えられそうです。身近な存在として日常生活の中にあり、突然空に現れた赤気を雉の尾に似ていると、とっさに考えたのではないでしょうか。

雉は昔からよく観察されていた鳥ですが、雉への愛着は現代にも脈々と受け継がれています。たとえば「けんもほろろ」という言葉は、雉がけんけんと不愛想に泣きながら、ほろほろと羽音を立てて飛び去る様から転じて、人の頼みや相談を不愛想に断る様という意味になりました。雉をとおして現代から昔へと往還できるわけですが、『古今和歌集』の一〇三三番の歌を見てみましょう。

　春の野のしげき草葉の妻恋に飛び立つきじのほろろとぞ鳴く

この歌の注釈書を読むと、「ほろろ」というのは羽を打つ音で、鳴き声を表す擬声語ではなく羽の音であって、雉はよく羽を羽ばたかせていたということが表現されています。この歌とよく似た歌は『万葉集』にもあります。

　春の野にあさる雉（きじし）の妻恋に己があたりを人に知れつつ

このように雉をたどって『万葉集』まで遡ることができます。雉は昔から、家族を呼ぶ鳴き声で存在を知られている鳥だったのです。残念ながら、尾羽が素晴らしいとか、そういう歌は見つかりません。しかし、雉の歌はほかにもたくさんあり、私が個人的に、美しいと思った和歌も紹介しておきましょう。

あしひきの八峰（やつを）のきぎし鳴き響（とよ）む朝けのかすみ見ればかなしも

これは『万葉集』の四一一九番の歌で、大伴家持作です。「鳴き響む」とはすごくかっこいいですね。おそらく使う機会はないと思いますが、何かのときに、鳴き響むと言ってみたい。

『風土記』『古事記』『日本書紀』をランダムに、ただし鳥にはアンテナを張って、手当たりしだいに調べてみた印象としてよくわかるのは、鳥がたくさん出てくるということです。鳥は古来から、日本人と豊かな関係があったということがはっきりわかります。雉は天の使いでもあったとされています。『古事記』を見ると、「泣き女（め）」という名前のついている雉が出てきて、天の使いとして登場するキャラクターがいます。

『万葉集』を見れば、鳥が出てくる歌は約四五〇〇首中、約六〇〇首もあり、植物が約一五〇〇首ともっとも多いのですが、なかでも鳥は動物の中では最多です。そのうち雉が出てくる歌は九首あります。また、雉は元号にも使われています。鳥の中でも雉は特別な扱いを受けており、白い雉や赤い雉が献上されると、それが元号になるのです。そもそも時代の名前、飛鳥時代にも鳥が入っています。元号は、大化から始まってその次が白雉（はくち）、つぎが朱鳥で、どちらも雉のことのようです。私はこの事実を知って、なるほど鳥の中でも雉を選んだ理由がそれなりにあるのだな、と納得したのです。

日本人の感性

ところで、『日本書紀』の中にはもう一つ、オーロラではないかという有名な例があります。六八二年九月一八日のできごとです。

ものありて、形灌頂幡（かんじょうばん）のごとくして火の色なり。空に浮かび、北に流る。

灌頂幡とは、仏教の儀式で使う長いのぼりのことで、これがはためくように、火の色をしたものが空に浮かんで流れていた、という意味になります。いかにもオーロラを表現しているように思えます。つまり、日本でも、オーロラを必ずしも動物にたとえるわけではないようです。中国の歴史書において、オーロラを人工物や戦の道具にたとえるのは、大地が広大で戦が多かったときに遠くで光るものが見えたら、何に見間違えるかということなのかもしれません。これに対して赤気を雉にたとえたという感性は日本独特であり、中国にはありません。狭い国土で山が連なっているなかで、夜空に現れた赤気は、日本人にとっては身近な鳥の姿が連想され、天の使いだった鳥が求愛行動で見せる美しい尾羽に見立てたのかもしれません。

もう少し六国史を見てみると、『日本文徳天皇実録』の八五八年七月一六日には、つぎのような記録が残されています。

稲荷神社の上の空で、二羽の赤っぽい鶏が闘って、赤い羽毛が散らばり落ちるのが見えた。北野から稲荷までは遠いのに、目の前でのように見え、しばらくして終わった。作り話と思われる恐れもあるが、あまり不思議なことなので、あえて記しておくことにした。

オーロラの研究者である小口高先生は『オーロラの物理学入門』の中で、当該箇所を紹介し、二羽の鶏というのは磁気天頂に見たコロナ型のオーロラではないかと専門的な分析をしています。コロナ型というのはオーロラのカーテンの真下に立って、オーロラを見上げたときに、天が割れて光の筋が降り注いで広がるように見える荘厳美麗な形状のことです。しかし私は、冒頭に「雷雨」とあることから、これはひょっとすると雷雲上で起こる発光現象、スプライトかもしれないと、『総研大文化科学研究』に書いた論文で考察しました。いずれにしても、これもまた不思議な自然現象を、身近な動物にたとえて表現している例になっています。

オーロラ4Dプロジェクトとしては、こうして最後に『日本書紀』へと立ち戻ったわけですが、一周まわってようやくスタート地点に立てたかもしれない、という感覚があります。巻末に紹介する「赤気年表」を見ていただくと一目瞭然ですが、これまでピンポイントで面白そうなところを、つまみ食い的に研究してきました。しかし、ほかの時代もあわせて全体を見て考え直していくことで、日本人がどう天変地異を見て記録してきたかの遷移が見えてくるかもしれません。合わせて日本・中国以外にはどのようにオーロラの記録が残されてきたのかも気になるところですが、まだ全体像を把握できていません。それこそが今後の研究課題だとも思っています。私たちが日本の古い記録を掘り起こしたように、世界のそれぞれの国の研究者が主体となって研究し、共通のモチベーションをもって、国際的に共同研究を進めていけるのであれば、大変嬉しいことです。

国文研では、大規模な古典籍の写真データベースを作成しています。すべての古典籍をあらゆる国の人びとがインターネットで調べられるようになりつつあるのです。そういう野心的な事業を傍らから見ていると、私もそこから学んで行動したいと感じます。極地研にも国際地球観測年からのオーロラのフィルム画像が残っていますが、その扱いは多くの古典籍と似た状況で、大切に保管はされているもののデータは公開されていません。そういったテクニカルな面でも国文研に学び、また具体的なアドバイスをもらいながらデータ公開を進められないか。そういうプランを考えるだけでも、楽しくなってくるのです。

コラム④

寺田寅彦と文学

寺田寅彦はオーロラにも縁のある物理学者です。「B教授の死」という随筆を書いていますが、このB教授とはクリスチャン・ビルケランド教授のことで、オーロラの研究でもっとも有名なノルウェーの研究者です。寺田寅彦自身も三浦半島の油壺（あぶらつぼ）というところでオーロラによる地磁気脈動を観測していますし、ほかにも茨城県の柿岡にある地磁気観測所の建設地に関しても助言を与えています。

学問を追及していくうえで、科学一辺倒では限界があり、文学の必要性を強く感じていたことが、いくつかの随筆から読み取れますので、ここに紹介したいと思います。昭和一〇年、「日本人と自然観」という随筆の中で、寺田寅彦は以下のような文章を書いています。

自然の神秘とその威力を知ることが深ければ深いほど人間は自然に対して従順になり、自然に逆らう代わりに自然を師として学び、自然自身の太古以来の経験をわが物として

自然の環境に適応するように務めるであろう。（略）

この民族的な知恵もたしかに一種のワイスハイトであり学問である。しかし、分析的な科学とは類型を異にした学問である。

また、この随筆において、私たち日本人の感性について踏み込んだ「日本人の精神生活」と題した項目では、以下のように書いています。

日本人の精神生活の諸現象の中で、何よりも明瞭に、日本の自然、日本人の自然観、あるいは日本の自然と人とを引きくるめた一つの全機的な有機体の諸現象を要約し、またそれを支配する諸方則を記録したと見られるものは日本の文学や諸芸術であろう。（略）

こういう点で何よりも最も代表的なものは短歌と俳句であろう。（略）これらの詩の中に現われた自然は科学者の取り扱うような、人間から切り離した自然とは全く趣を異にしたものである。

物理の達人である寺田寅彦が、なぜ文学も志していたのか、そこには何か日本ならではの文理双方向的な学問の狙いがあったのかもしれないと気づきます。寺田寅彦は昭和一〇年一〇月に、「俳句作法講座」で「俳句の精神」と題した随筆も書いており、俳句がいかに文理融合の鍵になるかというヒントについても、このように述べています。

詩形が短い、言葉数の少ない結果としてその中に含まれた言葉の感覚の強度が強められる。同時にその言葉の内容が特殊な分化と限定を受ける。その分化され限定された内容が詩形に付随して伝統化し固定する傾向をもつのは自然の勢いである。さらばこそ万葉古今の語彙は大正昭和の今日それを短歌俳句に用いてもその内容において古来のそれとの連関を失わないのである。またそれゆえにそれらの語彙が民族的遺伝としての連想に点火する能力をもっているのである。

しかしまたこれらの語彙の意義内容は一方では進化し発展しつつ時代に適応するだけの弾性をもっている。

これらの一連の随筆は、文理融合をキーワードに新たな学問のありかたを探求する人びとへ、根づく言葉とは何か疑問を投げかけるものであり、いまの時代に新たな気づきを与えてくれているように思います。現代は、情報を集めすぎて、残しすぎている時代ともいえるでしょう。膨大で雑多なデータは、いわゆるビッグデータという言葉で表され、その有用性が活発に研究されていますが、無尽蔵にデータを保存し活用し続けることは、エネルギー切れになってしまうこともまた自明な問題です。そんないまだからこそ、次のステップの一つとして日本人の強みであり古来からの知性としての諸芸術に学び直すことから、何かユニークな学問を拓くブレークスルーが得られるのではないかと期待しています。

あとがきにかえて〜文理融合のかたち〜

第一章では『明月記』に書き記された赤気について解説しました。これは鎌倉時代の建仁四（一二〇四）年に、京都に連夜オーロラが現れたという話で、赤気や白気と表現され、その時代は日本の磁気緯度が高かったこと、活発な太陽活動の自然なあらわれであったことが明らかになりました。この内容は、海外の学術誌 *Space Weather* に出版された論文の内容でもあります。第二章は、江戸時代の『星解』という本に書かれたオーロラ絵図の話でした。江戸時代の明和七年（一七七〇年）に非常に大きな磁気嵐が発生し、京都でも見事なオーロラが出現しました。そのときに描かれた絵図は、史上最大規模の磁気嵐の記録であったことが明らかになりました。これも科学成果として同じ学術誌 *Space Weather* に出版されています。第三章では昭和三三（一九五八）年、タロ・ジロの時代に日本国内で見られたオーロラの話でした。扇形のオーロラが北海道で見られましたが、扇の面は酸素の赤い色、扇の骨は酸素の緑色だったことが明らかになりました。東京では、じつに明和七年以来のオーロラが目撃された事件でした。これも学術誌 *Journal of Space Weather and Space Climate* に論文を発表しました。

つまり、それぞれ鎌倉時代、江戸時代、昭和三三年の古い記録からデータを引き抜いて科学的な知見を得ることに成功したわけです。しかしながら、それだけでは一方通行で、文系から理系への貢献にすぎません。もともと、オーロラ4Dプロジェクトでは、「学融合」という言葉を使っていましたが、文理双方向的な、文系から理系へ何か相補的に、あるいは理系から文系へ貢献できる、新しい学問分野の扉を開くことをめざしていました。つまり、理系の学術誌に研究論文が出るだけでは不十分だったのです。岩波書店の雑誌『科学』（二〇一七年九月号）で寺島恒世先生も書かれていますが、単に古典籍から情報を引き抜いた科学研究では近年の斎藤国治先生に代表される古天文学の発展であって、新しい研究分野とは言えないのです。オーロラ4Dプロジェクトが一つ具体的にめざしていたのは、いわゆる古天文学的な研究活動を通して、文系分野へも双方向的に貢献することでした。理から文への貢献の可能性として、たとえば藤原定家や『明月記』についての理解を深めること、語彙や史実を決定すること、江戸時代の知識人についての理解を深めること、当時の人々が、どう心の平静を取り戻していったかということ、オーロラの絵画や絵師についての理解を深めることを具体的に検討し、その内容は各章でも紹介してきました。そして私自身も、『日本書紀』の赤気と日本人の感性を題材に、はじめて文系の論文を『総研大文化科学研究』に出すに至りました。そのような、いわゆる理系と文系のコラボレーションから学べることについて、オーロラ4Dプロジェクトでやってきたことは何だったのかを振り返り、あとがきにかえて考察してみたいと思います。

そこでまず、考察のヒントになりそうな、プロジェクトの実際の活動を通して明らかになった感触について述べておきます。とにかく現場で嬉しかったのは、単純に知らない世界に触れて、新たな世界が開けることの喜びが非常に大きかったことです。読者のみなさんは、かつて日本に住んでいた人たちの気持ちの揺らぎを身近に感じた経験はあるでしょうか。私には残念ながらありませんでした。ときどき歴史小説を読んで面白いなと思うのが、もっともそれに近い体験でした。しかしその感覚が、この研究活動を通して一変しました。鎌倉時代や江戸時代が、まずは本当に実在したんだなと実感するところから始まり、藤原定家がいて羽倉信郷がいて、人生で初めてオーロラを目撃してしまって全力で記録していた。そういう直筆の日記がいまも残されており、その日記を書いた作者たちが驚いて筆を執っている時間について、彼らの興奮を私も共有できているかのような喜びがありました。

こういう素朴な喜びにもおそらく、新しい学びのヒントがあるのではないかということを感じているのですが、それがどのように大事なことかは、はっきりとはわかっていません。ただし、単なるデータとして古典籍を利用していくということではなく、そこにどれだけの学びや、学ぶ喜びがあるかということのほうが何か本質的なのではないかと、ぼんやりと考えているような状況です。そんなポジティブな経験を手がかりにして、文理融合のあり方について、もう少し考察してみます。

オーロラ4Dプロジェクトの一環として、古典籍文理融合研究会を毎年開催してきました。そこでは、文理融合や古典籍といったキーワードにピンとくる文系理系の研究者たちが集まり議論するのですが、その中での共通の疑問は、さて文理融合的な新しい学問とはいったいどういうものなのだろうか、ということです。

はっきりしていることもいくつかあります。たとえば地理学や環境科学のように、始まりからして必然的に文理融合という学問分野がすでに複数あります。環境科学はいまや、学問を超えて政治論争の緊迫感があり、非常にダイナミックなものになっています。

そこで、もっと面白い学問の分野を、文理融合といったキーワードで考えられないか、そういうことを一つのテーマにした研究会を行っていたところ、いくつかのパターンがあることはわかってきました。

専門の異なる研究者が違う文化に接することで双方に良いものが生まれるのではないか、共通の研究対象を違う目線で見られるのでインスピレーションが生まれ、分野の違いを活かして補い合い集合知が発揮できるはずだ……そんな「期待」がまずあります。いっぽうで、本来は学問として文系と理系といった区別なく、もともと一体であるべきなのにいまの時代は専門が細分化しすぎていて、両者の対話の乏しさが問われる……という「不安」がありま す。さらに無邪気に考えてみれば、人間は感動や興奮を得る知的好奇心が旺盛な動物なので、それが人の豊かな暮らしの原点であり、分野を限っていたのではもったいない……そういう「喜び」の共有という観点もあるでしょう。

研究会の最後にはいつも、総合討論の場を設けて、文理融合とは何か、参加された先生たちに問いかけるのですが、その具体例を紹介しましょう。

「文理融合と言うが、溶けあってはいけない。新しい学問は、それぞれ既存の道を極めた先にある。そこに感動と興奮がある」

「学問とは試行を繰り返して積み重ねていくものだから、具体的な研究を進めていけば良い」

これらは、それぞれの分野が限界を突破するために文理の協力が必要になるのではないか、というアドバイスだと思います。

「同床異夢という言葉がある。お互いの目標は違っていても、共有できるものとしてデータやツールがあり、そもそも自発的に何かやってやろうという意識や理由がなくても、たまたま同床にいて、何かのめぐり合わせでやってみたら見事にはまったということでも良いはずだ」

このようなチャンスを増やす環境整備は、データサイエンスの分野では着実に進んでいるようです。

そのほかの意見も、もう少し紹介しましょう。

「リラックスして一緒にセッションしてみたらこんな新しいものが生まれたよ、というのが新しい学問の種になることもあるから、そういう機会はあった方が良い。オフラインで顔を合わせて人がつながる楽しみがあるし、刺激にもなる」

「そもそも文理分離問題と言われていたが、日本だけの遅れた悩みではないかと心配している。日本の大学教育も、文理融合にふたたび向かうかもしれない（昔はそうだった）」

これらは、ある意味文理の対話の乏しさを表していて、それを解消して、喜びを共有したいということが、互いにとっての魅力なのかもしれません。

私自身、オーロラ4Dプロジェクトを介してわかってきたことがいくつかあります。まず文理融合的な成果を発表すると、一般の人びとに広く感動を呼ぶということがよくわかりました。反響が非常に大きいのです。私は自身のオーロラの研究成果を、少なからず記者発表してきましたが、それとはケタ違いの関心が集まるのがこの文理融合的な研究成果なのです。それはなぜなのでしょうか。宇宙を含めた自然から、時空を超えて、私たちが学ぶ喜びを最大化するのに文理融合的な要素は欠かせないからではないでしょうか。文学や歴史学といった文系の学問と、天文学や物理学といった理系の学問の共通点は、事実や真実が端的に記録されて語り継がれていく美しさを追求している学問だということです。

しかし古典籍を見ていると、まだ手つかずの、昔の人たちの知恵がたくさんあるわけです。そして、一〇〇〇年という時を超えて、失われたはずの知が復元されることがある。その復元の最適解は、時代とともにどんどん変化していきますが、そこでの文学の役割があり、その復元する際の「柔軟性」のようなものを提供しています。そして理学の役割もあり、精度を上げて間違いにくくすることに大きく貢献できるわけです。そのような、双方向的な役割もあるのではないかと考えています。

このようなことを考えていたときに、**コラム④**で紹介した寺田寅彦の文章を読み、自分なりに共感したわけですが、寺田寅彦が俳句に見いだした可能性の一つが、まさにそういうものなのだろうと考えました。そうすると、『万葉集』の歌がDNAのようなもの、何か非常に重要なものに思えてきました。現代的な科学のあり方や、本当の文系からのフィードバックというのはデータを抽出するということだけではなくて、何か根づく言葉の探究といったものにあるのではないかと考えたのです。

さて、理系とか文系とか言いますが、いわゆる理系の始まりは、もしかするとガリレオかもしれません。望遠鏡を発明して黒点を記録し、オーロラの名づけ親でもあるガリレオは

このもっとも巨大な書すなわち宇宙は数学の言葉で書かれている

と述べました。ガリレオがこう述べた時代は、数学では理想的なコンディションは何かを説明できるが、非常に複雑な問題は扱えないだろうというのが常識でした。そのような時代に、たしかな先見性でこう言ったからこそ、いまの理系があると言っても過言ではないでしょう。そういう予測を可能にする学問は、まさに数学の言葉で書かれていると思えます。しかし、弾力ある知恵の伝承も同時に実現した学問を追求するには、数学の言葉だけでは不十分ではないかという不安もあります。その不安を解決するようなヒントを教えてくれたのが、やはりオーロラにゆかりのある寺田寅彦かもしれません。寺田寅彦は、「俳句の精神」の中で

> 自然の美しさを観察し自覚しただけで句はできない、自己と外界との有機的関係を内省することによって初めて可能になる

と書いています。この寺田寅彦の考えは、文理融合をさらに進めたものではないかと感じています。伝承に適した形に情報圧縮を極限化して、かつ喜びも最大化して柔軟に学び続けられるように努力し続けていくという、理想的な今後の学問のあり方のヒントを教えてくれているのではないでしょうか。

本書では、文理双方向に貢献する学問のあり方を意識して、赤気すなわちオーロラをテーマに、日本史の史料を使った研究を紹介しました。時空を超えて一二〇四年二月二一日、一七七〇年九月一七日、一九五八年二月一一日と旅をして、終点は六二〇年一二月三〇日となりました。また『日本書紀』の赤気に注目し、扇形オーロラを雉に見立てたと思われる日本人の自然観や感性に関する研究例についても紹介しました。私にとっては、普段の研究から距離を置いていったん立ち止まり、忙しい日常で考えなかったような学問のあり方や、その最高の楽しみ方について考えるという、じつに贅沢な時間でした。それも、国文研の隣にある極地研で研究していたという幸運、総研大の学融合推進センターからの支援、共同研究メンバーとの偶然の出会いや助け、全国各地からの資料提供、変わった研究をやっていてもどんどんやれという理解ある寛容な職場環境などなど、恵まれた状況があればこそ。励ましていただいた多くの関係者のみなさまに感謝します。

なお、本書にはすべて書ききれなかったオーロラ4Dプロジェクトの活動内容は、ウェブサイト（https://lab.nijl.ac.jp/aurora4d/）からも辿っていただけます。オススメのコンテンツは、山本和明先生、小野梨奈さんとつくった「くずし字、いろいろ。」です。

最後に、このコロナ禍で気が滅入ることも多かったのですが、この本をつくる、という具体的な目標に向かって日々前進できたことは、とても励みになりました。編集を担当された津留貴彰さんに感謝します。また、ラジオ番組収録の連携講座の企画がなければ、この本も生まれませんでした。ＮＨＫカルチャーラジオの副島宏子さん、ＮＨＫ文化センターの羽原順司さんにも感謝します。みなさん、ありがとうございました。

参考文献

阿見みどり 作、わたなべあきお 絵『こねこのタケシ―南極大ぼうけん（増補改訂版）』銀の鈴社（2006）
井上光貞 監訳、笹山晴生 訳『日本書紀（下）』（中公文庫）中央公論新社（2020）
岩橋清美、片岡龍峰『オーロラの日本史―古典籍・古文書にみる記録』（ブックレット 書物をひらく18）平凡社（2019）
大崎正次 編『近世日本天文史料』原書房（1994）
小口高『オーロラの物理学入門』名古屋大学太陽地球環境研究所（2010）doi:10.18999/28598
嘉悦洋 著、北村泰一 監修『その犬の名を誰も知らない』小学館集英社プロダクション（2020）
片岡龍峰『太陽フレアと宇宙災害』（NHKカルチャーラジオ 科学と人間）NHK出版（2018）
片岡龍峰『宇宙災害―太陽と共に生きるということ』（DOJIN選書72）化学同人（2016）
片岡龍峰『オーロラ！』（岩波科学ライブラリー）岩波書店（2015）
片岡龍峰、川添むつみ『オーロラみつけた』ジャムハウス（2019）

片岡龍峰、寺島恒世、岩橋清美「古典籍にみるオーロラ―新たな学融合の扉を開く」『科学』、87(9)、804-809（2017）
片岡龍峰、山本和明、藤原康徳、塩見こずえ、國分亙彦「雉尾攷―日本書紀にみる赤気に関する一考察」『総研大文化科学研究』（2020）
上出洋介『オーロラの科学』誠文堂新光社（2010）
神田茂「本邦に於ける極光の記録」『天文月報』11月号（1933）
神田茂 編『日本天文史料』（1935）
木谷幹一「枚方市津田村年寄日記に記録された江戸時代中期の天文記録と明和七年低緯度オーロラ発生前後の気象」『フォーラム理科教育』、15（2014）
小島憲之ほか校注・訳『新編日本古典文学全集3　日本書紀（2）』小学館（1996）
寺田寅彦『寺田寅彦随筆集　第4巻』（岩波文庫）岩波書店（1963）
寺田寅彦『寺田寅彦随筆集　第5巻』（岩波文庫）岩波書店（1963）
二宮洸三「気象観測史的に見た気象官署における1958年2月11日のオーロラ観測」『天気』、60(1)、21-24（2013）
宮原ひろ子『地球の変動はどこまで宇宙で解明できるか―太陽活動から読み解く地球の過去・現在・未来』（DOJIN選書61）化学同人（2014）
特集「オーロラの謎と魅力」『極地』、54（2018）

北京天文台主編『中国古代天象记录总集』江苏科学技术出版社（１９８８）

Carrington, R. C. (1859), Description of a Singular Appearance seen in the Sun on September 1, 1859, *Monthly Notices of the Royal Astronomical Society*, **20**, 13–15.

Kataoka, R. and Kazama, S. (2019), A watercolor painting of northern lights seen above Japan on 11 February 1958, *J. Space Weather Space Clim.*, **9**, A28, doi:10.1051/swsc/2019027.

Kataoka, R., Uchino, S., Fujiwara, Y., Fujita, S. and Yamamoto, K. (2019), Fan-shaped aurora as seen from Japan during a great magnetic storm on 11 February 1958, *J. Space Weather Space Clim.*, **9**, A16. doi:10.1051/swsc/2019013.

Kataoka, R., Isobe, H., Hayakawa, H., Tamazawa, H., Kawamura, A. D., Miyahara, H., Iwasaki, K., Yamamoto, K., Takei, M., Terashima, T., Suzuki, H., Fujiwara, Y. and Nakamura, T. (2017), Historical space weather monitoring of prolonged aurora activities in Japan and in China, *Space Weather*, **15**(**2**), 392–402, doi:10.1002/2016SW001493.

Kataoka, R. and Iwahashi, K. (2017), Inclined zenith aurora over Kyoto on 17 September 1770: Graphical evidence of extreme magnetic storm, *Space Weather*, **15**, 1314–1320, doi:10.1002/2017SW001690.

Kimball, D. S. (1960), A Study of the Aurora of 1859, Scientific Report No. 6, Geophysical Institute of the University of Alaska, UAG-R109.

Shiota, D. and Kataoka, R. (2016), Magnetohydrodynamic simulation of interplanetary propagation of multiple coronal mass ejections with internal magnetic flux rope (SUSANOO-CME), *Space Weather*, **14**, 56–75, doi:10.1002/2015SW001308.

Silverman, S. M. (2006), Comparison of the aurora of September 1/2, 1859 with other great auroras, *Advances in Space Research*, **38**, 136–144.

Tsurutani, B. T., Gonzalez, W. D., Lakhina, G. S. and Alex, S. (2003), The extreme magnetic storm of 1–2 September 1859, *Journal of Geophysical Research: Space Physics*, **108**, doi:10.1029/2002JA009504.

Willis, D. M., Stephenson, F. R. and Singh, J. R. (1996), Auroral Observations on AD 1770 September 16: the Earliest Known Conjugate Sightings, *Q. J. R. astr. Soc.*, **37**, 733–742.

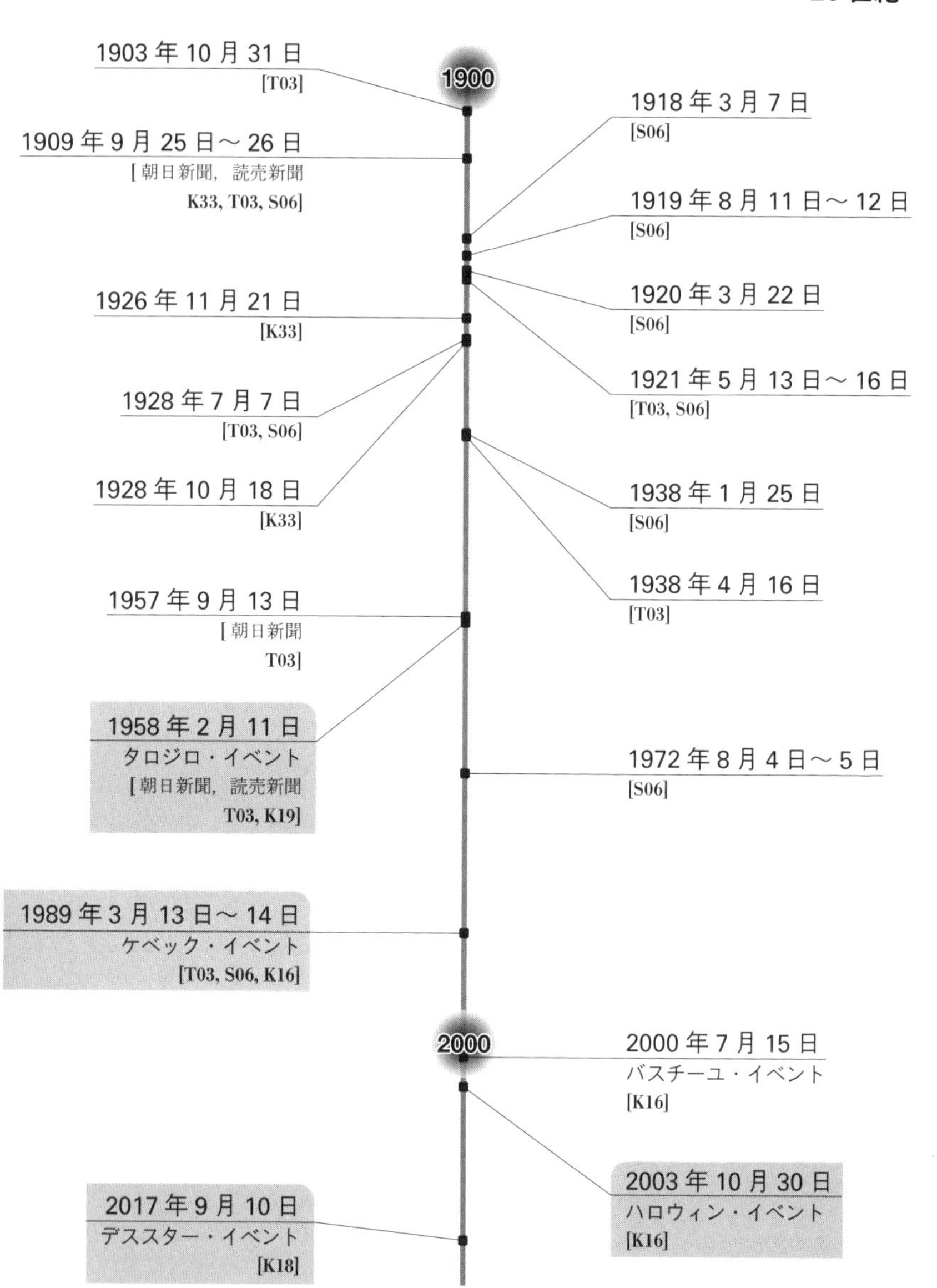
1900
1903年10月31日
[T03]
1909年9月25日〜26日
[朝日新聞，読売新聞
K33, T03, S06]
1918年3月7日
[S06]
1919年8月11日〜12日
[S06]
1920年3月22日
[S06]
1921年5月13日〜16日
[T03, S06]
1926年11月21日
[K33]
1928年7月7日
[T03, S06]
1928年10月18日
[K33]
1938年1月25日
[S06]
1938年4月16日
[T03]
1957年9月13日
[朝日新聞
T03]
1958年2月11日
タロジロ・イベント
[朝日新聞，読売新聞
T03, K19]
1972年8月4日〜5日
[S06]
1989年3月13日〜14日
ケベック・イベント
[T03, S06, K16]
2000
2000年7月15日
バスチーユ・イベント
[K16]
2003年10月30日
ハロウィン・イベント
[K16]
2017年9月10日
デススター・イベント
[K18]

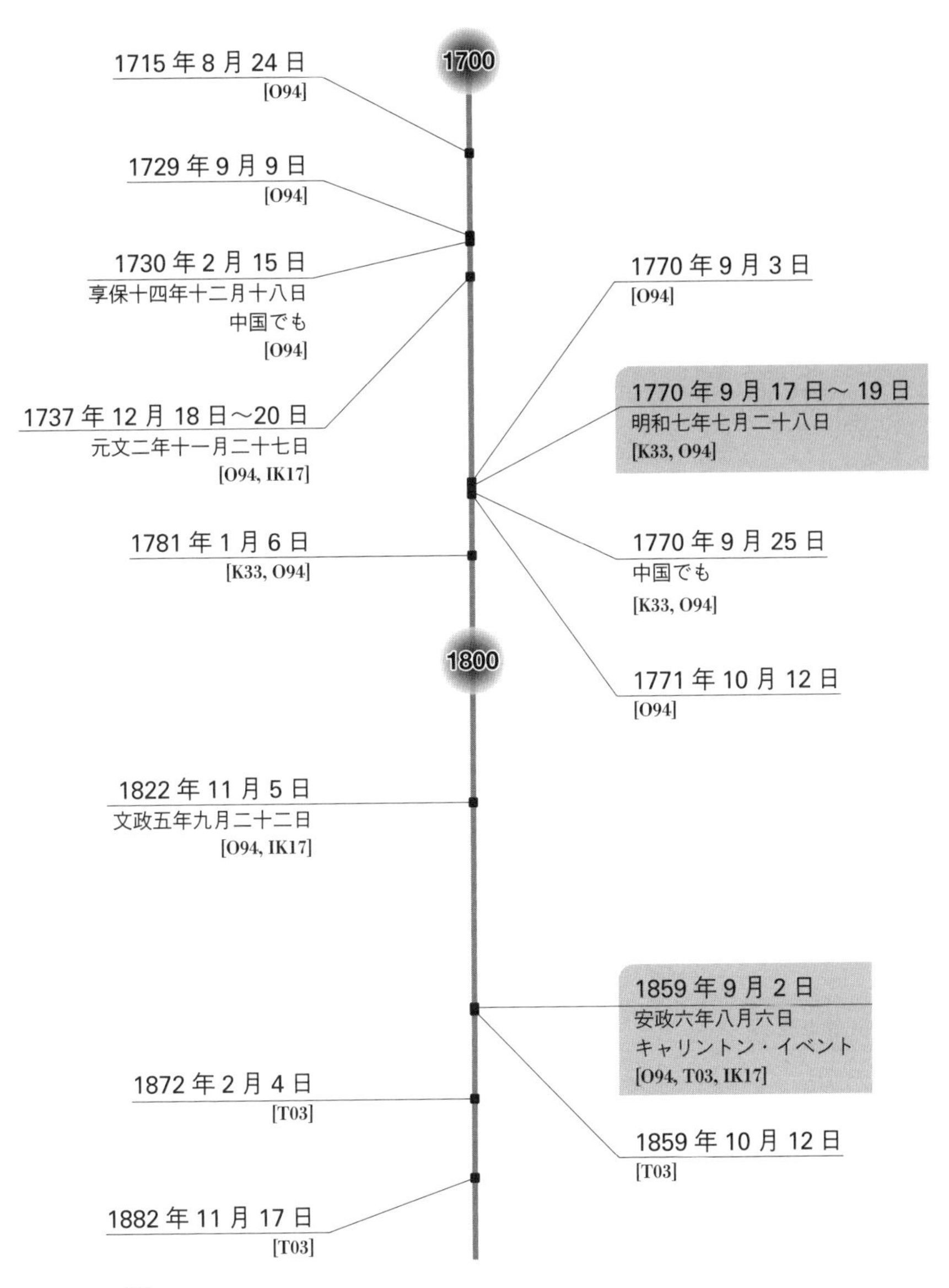
1700
1715 年 8 月 24 日
[O94]
1729 年 9 月 9 日
[O94]
1730 年 2 月 15 日
享保十四年十二月十八日
中国でも
[O94]
1737 年 12 月 18 日〜20 日
元文二年十一月二十七日
[O94, IK17]
1770 年 9 月 3 日
[O94]
1770 年 9 月 17 日〜 19 日
明和七年七月二十八日
[K33, O94]
1770 年 9 月 25 日
中国でも
[K33, O94]
1781 年 1 月 6 日
[K33, O94]
1771 年 10 月 12 日
[O94]
1800
1822 年 11 月 5 日
文政五年九月二十二日
[O94, IK17]
1859 年 9 月 2 日
安政六年八月六日
キャリントン・イベント
[O94, T03, IK17]
1872 年 2 月 4 日
[T03]
1859 年 10 月 12 日
[T03]
1882 年 11 月 17 日
[T03]

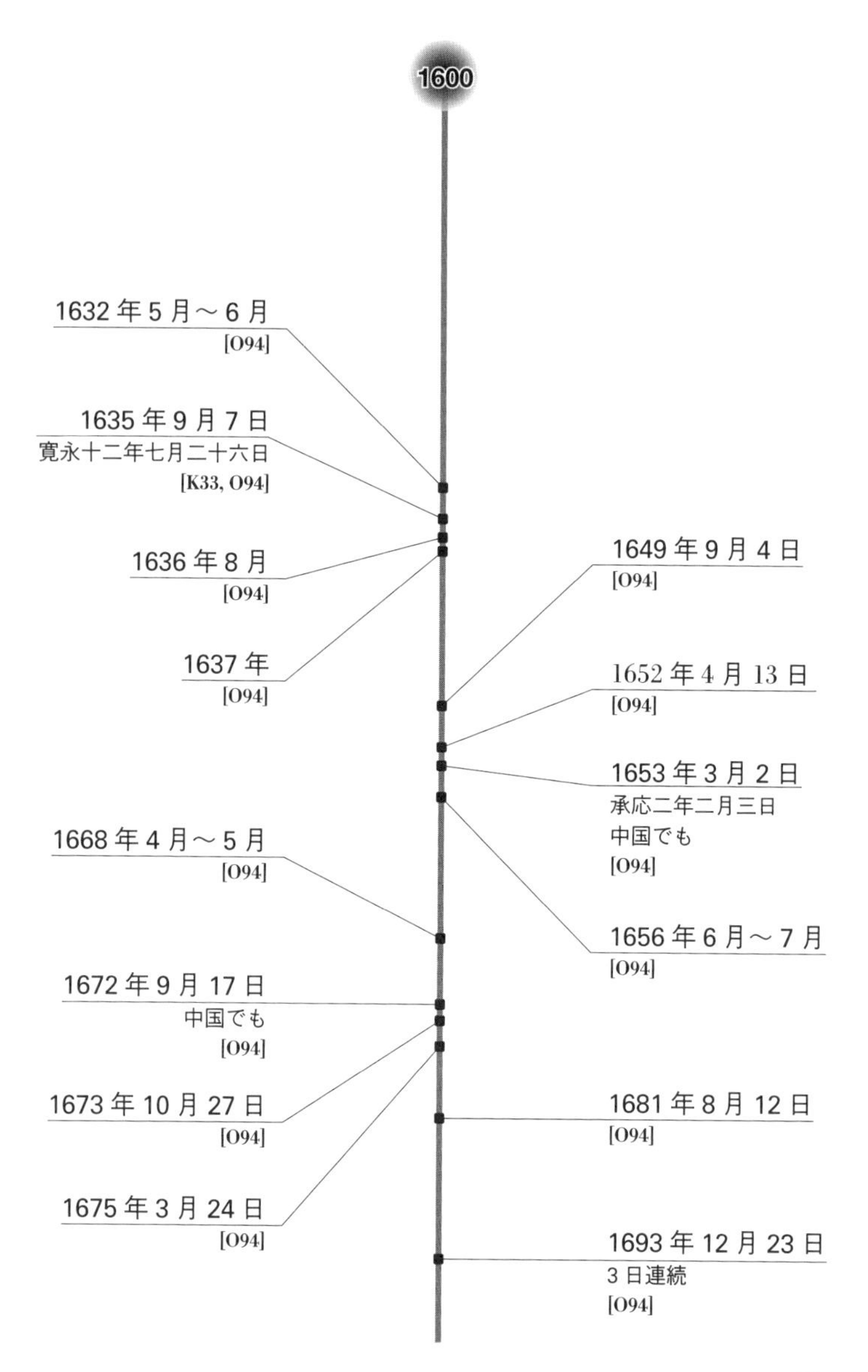
1600
1632 年 5 月～6 月
[O94]
1635 年 9 月 7 日
寛永十二年七月二十六日
[K33, O94]
1636 年 8 月
[O94]
1637 年
[O94]
1649 年 9 月 4 日
[O94]
1652 年 4 月 13 日
[O94]
1653 年 3 月 2 日
承応二年二月三日
中国でも
[O94]
1656 年 6 月～7 月
[O94]
1668 年 4 月～5 月
[O94]
1672 年 9 月 17 日
中国でも
[O94]
1673 年 10 月 27 日
[O94]
1675 年 3 月 24 日
[O94]
1681 年 8 月 12 日
[O94]
1693 年 12 月 23 日
3 日連続
[O94]

13 世紀〜16 世紀

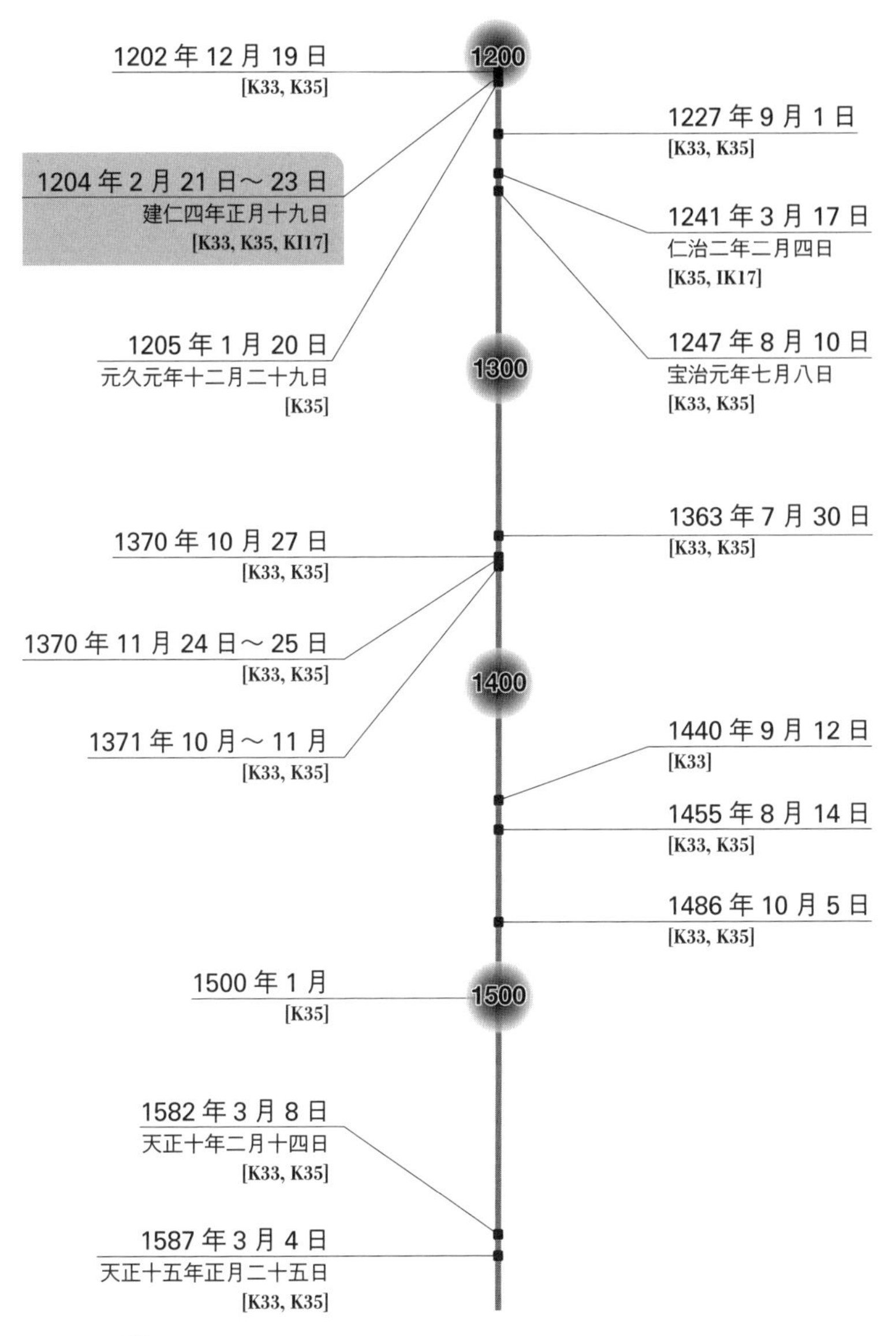

1200
1300
1400
1500
1202 年 12 月 19 日
[K33, K35]
1227 年 9 月 1 日
[K33, K35]
1204 年 2 月 21 日〜 23 日
建仁四年正月十九日
[K33, K35, KI17]
1241 年 3 月 17 日
仁治二年二月四日
[K35, IK17]
1205 年 1 月 20 日
元久元年十二月二十九日
[K35]
1247 年 8 月 10 日
宝治元年七月八日
[K33, K35]
1363 年 7 月 30 日
[K33, K35]
1370 年 10 月 27 日
[K33, K35]
1370 年 11 月 24 日〜 25 日
[K33, K35]
1371 年 10 月〜 11 月
[K33, K35]
1440 年 9 月 12 日
[K33]
1455 年 8 月 14 日
[K33, K35]
1486 年 10 月 5 日
[K33, K35]
1500 年 1 月
[K35]
1582 年 3 月 8 日
天正十年二月十四日
[K33, K35]
1587 年 3 月 4 日
天正十五年正月二十五日
[K33, K35]

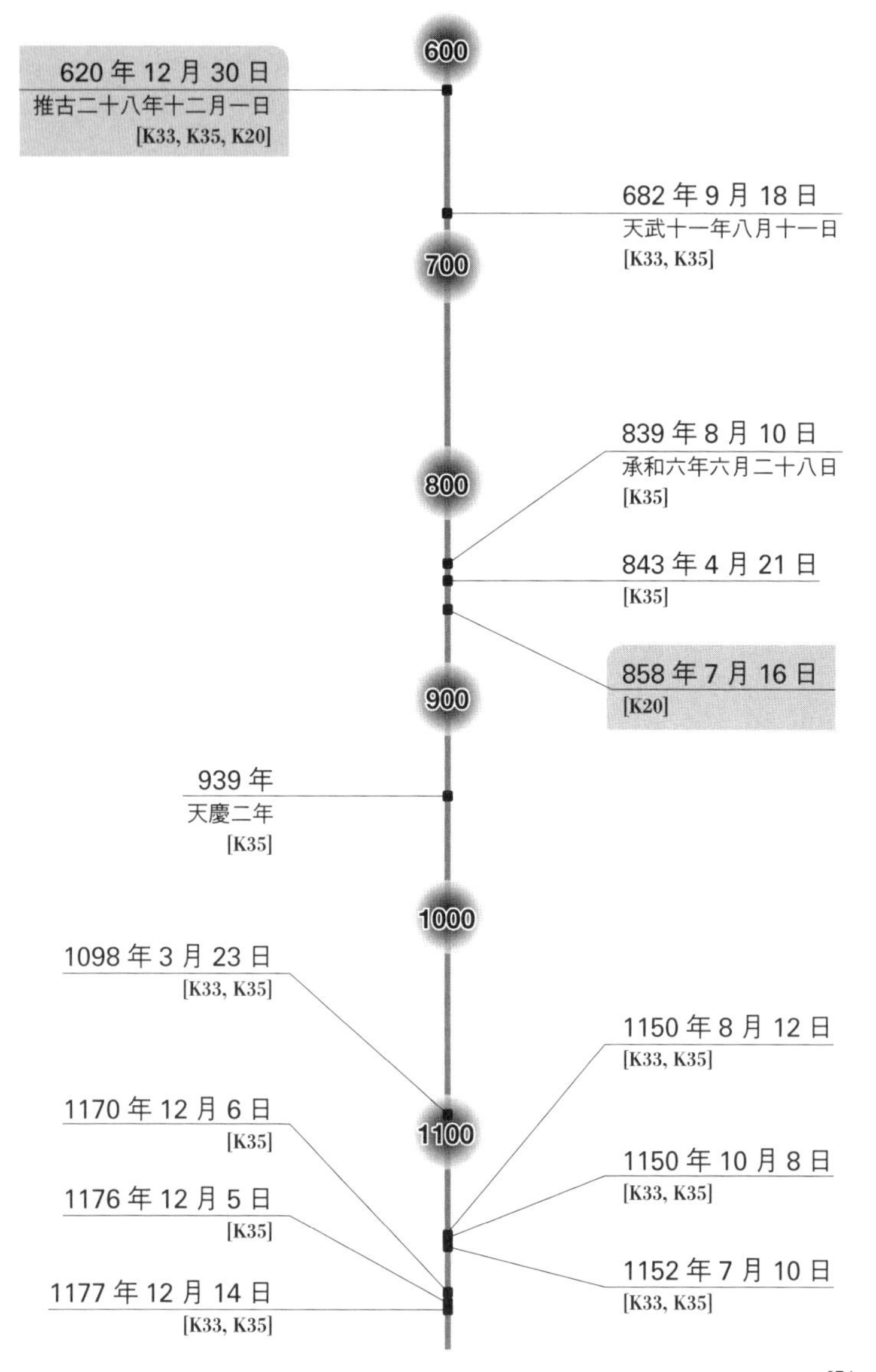
600
620 年 12 月 30 日
推古二十八年十二月一日
[K33, K35, K20]
682 年 9 月 18 日
天武十一年八月十一日
[K33, K35]
700
839 年 8 月 10 日
承和六年六月二十八日
[K35]
800
843 年 4 月 21 日
[K35]
858 年 7 月 16 日
[K20]
900
939 年
天慶二年
[K35]
1000
1098 年 3 月 23 日
[K33, K35]
1150 年 8 月 12 日
[K33, K35]
1170 年 12 月 6 日
[K35]
1100
1150 年 10 月 8 日
[K33, K35]
1176 年 12 月 5 日
[K35]
1152 年 7 月 10 日
[K33, K35]
1177 年 12 月 14 日
[K33, K35]

付録

赤気年表

日本で見られた「赤気」、すなわちオーロラ現象の候補となる現象のリストは、神田茂による『日本天文史料』(1935) と、その続編にあたる大崎正次による『近世日本天文史料』(1994) に、ほぼ網羅されている。また、1859 年のキャリントン・イベント前後からは、世界的なオーロラ拡大の記録 (Silverman, 2006) に合わせて、国際的に始まった磁力計観測のデータをもとに作成された巨大磁気嵐のリスト (Tsurutani et al., 2003) も参考になる。1990 年代以降、現代インフラに影響を与えた顕著なオーロラ現象・巨大磁気嵐については、拙著『宇宙災害』で解説したイベントをもとに付け加えた。

＊

表中の記号は、以下のことを意味する。文献情報の詳細については、参考文献を参照のこと。

K33 = 神田,「天文月報」(1933) の 赤気リスト
K35 = 神田,『日本天文史料』(1935) の赤気リスト
O94 = 大崎,『近世日本天文史料』(1994) の赤気リスト
T03 = Tsurutani et al. (2003) の磁気嵐リスト
S06 = Silverman (2006) の オーロラ拡大リスト (世界)
K16 = 片岡,『宇宙災害』(2016) で紹介
KI17 = Kataoka and Iwahashi (2017) で紹介
IK17 = 岩橋・片岡,『オーロラの日本史』(2017) で紹介
K18 = 片岡,『太陽フレアと宇宙災害』(2018) で紹介
K19 = Kataoka et al. (2019) で紹介
K20 = Kataoka et al. (2020) で紹介
※網掛けは本書で扱ったイベント

片岡　龍峰（かたおか・りゅうほう）

1976年、仙台市生まれ。2004年、東北大学大学院理学研究科博士課程修了。博士（理学）。情報通信研究機構、NASAゴダード宇宙飛行センター、名古屋大学太陽地球環境研究所で学術特別研究員、理化学研究所基礎科学特別研究員、東京工業大学理学研究流動機構特任助教を経て、現在、国立極地研究所准教授。専門は、宇宙空間物理学。

2015年、文部科学大臣表彰 若手科学者賞受賞。

著書に『宇宙災害』（化学同人）、『オーロラ！』（岩波書店）など多数。

DOJIN 選書　087
日本に現れたオーロラの謎
時空を超えて読み解く「赤気」の記録

第1版　第1刷　2020年10月31日

検印廃止

著　　者　片岡龍峰
発 行 者　曽根良介
発 行 所　株式会社化学同人
600-8074　京都市下京区仏光寺通柳馬場西入ル
編集部　TEL：075-352-3711　FAX：075-352-0371
営業部　TEL：075-352-3373　FAX：075-351-8301
振替　01010-7-5702
https://www.kagakudojin.co.jp　webmaster@kagakudojin.co.jp
装　　幀　BAUMDORF・木村由久
印刷・製本　創栄図書印刷株式会社

ISBN978-4-7598-1687-7